Photoshop CS
图像处理技术 **Ps**

张扬武 ■ 编著

中国政法大学出版社

2013·北京

图书在版编目（CIP）数据

Photoshop CS 图像处理技术 / 张扬武编著.-北京：中国政法大学出版社，2013.6

ISBN 978-7-5620-4820-6

Ⅰ.①P…Ⅱ.①张…Ⅲ.①图像处理软件Ⅳ.①TP391.41

中国版本图书馆CIP数据核字(2013)第130576号

内容简介

本书通过 Photoshop 的应用详细地阐述了图像基本原理及其应用，全面反映了 Photoshop 处理图像方法。全书共十章：第一章叙述图像的基本概念；第二章认识 Photoshop 的操作界面；第三章到第五章阐述 Photoshop 最基本的应用，包括选区、绘画和编辑、修饰和变换；第六章到第九章阐述 Photoshop 的矢量和修改功能，包括图层、文字、路径、通道；第十章叙述 Photoshop 的扩充功能滤镜。本书可作为高等院校本科生的 Photoshop 课程教材，也可供从事图形图像处理应用的科技工作者使用。

书　　名	PhotoshopCS 图像处理技术	
	PHOTOSHOPCS TUXIANG CHULI JISHU	
出版发行	中国政法大学出版社(北京市海淀区西土城路 25 号)	
	北京 100088 信箱 8034 分箱　　邮政编码 100088	
	邮箱 fada.jc@sohu.com	
	http://www.cuplpress.com （网络实名：中国政法大学出版社)	
	(010)58908435(编辑室)　58908285(总编室)　58908334(邮购部)	
承　　印	固安华明印刷厂	
规　　格	720mm×960mm　　16 开本　　14.375 印张　　270 千字	
版　　本	2013 年 7 月第 1 版　　2013 年 7 月第 1 次印刷	
书　　号	ISBN 978-7-5620-4820-6/TP·4780	
定　　价	36.00 元	

前言

随着以计算机技术为代表的信息时代的快速发展，当今社会对信息技术的需求较以往更为强烈，这种趋势正悄然地改变人们的知识结构。高等院校学生作为掌握丰富文化知识水平的栋梁之才，当应认识和理解信息技术在素质教育方面的重要意义和作用，切实做到重视学习相关信息知识，提高信息处理能力。

随着计算机技术广泛应用于社会的各个领域，人们借助计算机技术处理数据的方法也应用于平面设计领域中的图形图像处理。Photoshop 是当今最为流行的图形图像处理软件。从应用角度来看，它不仅提供非常强大的基本功能，而且更为重要的是它可以为用户提供一个可伸缩的应用环境，以满足用户对功能扩充的需求。从某种意义上，可以说它是一种工具，也可以说它是一个行业，甚至还可以说它代表了一种由为数众多的 Photoshop 用户群体的经验和智慧所织成的文化。

由教育部文科高校计算机教学指导委员会制定的《普通高等院校文科类专业计算机教学基本要求》也明确提出，文科高等院校应当支持 Photoshop 相关课程的教学和建设。其中，新闻媒体类专业应当把 Photoshop 作为专业选修课，而其他专业作为通识选修课。

作者从事 Photoshop 课程教学已有多年，教学对象需要在有限的时间完成学习 Photoshop 课程，这实属不易。究其原因，一方面是内容繁多；另一方面则是使用教材和参考书不得其法。很多指导教材内容多，实例复杂，学习起来较为吃力，其主要原因大概是把学生当成专业工程师来要求。

本书是作者根据自身使用 Photoshop 的经验和教学体会，从初学者和中级使用者的角度来描述软件的功能与实际应用背景，通俗易懂，简单实用。

此外，由于书中的配图为黑白图片，部分图片效果不如原彩色图片，查阅原图片资源可登陆中国政法大学出版社官方网站。

由于作者水平有限，书中难以避免有错误和不足之处，希望同行和读者批评指正。

张扬武
2013 年 3 月

C目　录
ontents

第 1 章　图像的基本概念

图像是视觉效应在人脑形成直观形象的画面。人们可以通过图像中某种物理特征（如光的强弱）的变化获取一些信息，所以说图像是一种信息的载体。而信息是一组有意义的数据，在计算机中，信息是以二进制形式存在的，因而图像在计算机中是以数字方式进行分析、加工和处理的，所以图像又称为数字化图像。

◆ 1.1 图像色彩基础

当我们看到光线或者光线照射的物体，便有了色彩的概念。这表明色彩有两种来源，一种是发光物体产生的，例如太阳、显示器和电灯等；另一种是反射光物体产生的，例如红色的运动服、蓝色的海洋、白色的墙壁和黑色的轮胎等。

第一种来源是我们通常所看到的自然光，它是由光谱组成的，光谱是复色光经过色散系统（如棱镜）分光后，被色散开的单色光按波长（或频率）大小而依次排列的图案。可以被人眼接受的波长范围内的光谱被称作可见光，可见光由几种颜色的光组成，即红、黄、绿、青、蓝、洋红。颜色不同，波长也不同。

第二种来源是我们所看到的不发光的物体。我们所处的环境中，受到自然光照射的物体可以吸收其中一部分光谱，而那些没有被吸收的部分光谱则被物体反射出来，当反射出来的色光进入到观察者的眼睛，由于我们的感光细胞受到刺激，便在我们的大脑中产生色彩的印象。

当白光照射在有色物体上时，这些物体对白光有选择地吸收和反射，反射出来的光谱成分也各不相同，这时人们就会看到不同色彩的物体。例如，红色的运动服吸收白光中的黄、青、绿、蓝、洋红等色光，而反射红光，所以看起来是红色；蓝色的海洋则是吸收了除蓝色光之外的其他可见光，而将蓝色光反射，因此我们看到的海洋是蓝色的；白色的墙壁则是完全反射了所有可见光，而白色即是所有可见光的混合，因此我们看到的墙壁是白色的；黑色的轮胎则是完全吸收了所有可见光，我们看不到一点光的强度，因此我们看到的轮胎是黑色的。

从人的视觉生理特性来看，人眼的视网膜上有三种感色视锥细胞——感红细胞、感绿细胞、感蓝细胞，这三种细胞分别对红光、绿光、蓝光敏感。当其中一种感色细胞受到较强的刺激，就会引起该感色细胞的兴奋，则产生该色彩的感觉。人眼的三种感色细胞具有合色的能力。当一复色光刺激人眼时，人眼感色细胞可将其分解为红、绿、蓝三种单色光，然后混合成一种颜色。正是由于这种合色能力，我们才能识别除红、绿、蓝三色之外的更大范围的颜色。

◆ 1.2 三原色、互补色和混合色

※ 1.2.1 三原色

三原色由三种最基本的颜色组成，这三种原色是不能通过其他颜色的混合调配而得到的基本色，相反，我们以不同比例混合原色可以产生出其他的新颜色。三原色通常分为两类，一类是由发光物体产生的色光三原色；另一类是吸收部分光而反射另外部分光的色料三原色。

色光三原色是指红色（Red）、绿色（Green）和蓝色（Blue），各自对应的波长分别大约为 650nm、550nm 和 450nm。这三种色光既是白光分解后得到的主要色光，又是其他混合色光的主要成分，并且能与人眼视网膜细胞的光谱响应区间相匹配，符合人眼的视觉生理效应。这三种色光以不同比例混合，几乎可以得到自然界中的一切色光，混合色域最大。而且这三种色光具有独立性，其中一种原色不能由另外的原色光混合而成。

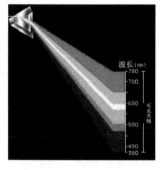

图1-1 可见光谱

色料三原色是指黄色（Yellow）、青色（Cyan）、洋红（Magenta），各自对应的波长分别大约为 580nm、480nm 和 380nm。如图 1-1 所示。

我们以几何三维坐标来描述色彩系统，三原色在坐标系中可作为三个坐标轴，由三个坐标轴可构成色彩空间。三维空间中的任意一点都可由三个坐标来表示，因此色彩空间中的任意一颜色可由三原色来表示。由于人眼的感受细胞有三种不同颜色的感光体，因此所见的色彩空间的任意一点（任意一颜色）可由三种基本色所表达。例如，RGB 坐标系表示三个坐标分量分别为 R、G、B。纯粹的红色用坐标（x，0，0）来表示；纯粹的绿色用坐标（0，y，0）来表示；纯粹的蓝色用坐标（0，0，z）来表示，坐标中的 x、y、z 分别表示红色、绿色和蓝色的强度。如图 1-2 所示。

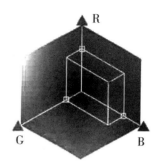

图 1-2　三原色坐标系

※ 1.2.2 互补色

　　一种色光或色料与另一种特定的色光或色料按一定比例混合，如果这两种色光或色料相混合后产生白色，我们可以说这两种色光或颜料互为补色，我们称其中一种色光或色料为另一种色光或颜色的互补色。红色与绿色经过一定比例混合后就是黄色，所以黄色不能称之为三原色。黄色和蓝色混合产生白色，所以黄色就是蓝色的补色，互为补色的两种颜色完全不含对立的另一种颜色。例如，红色（R）和青色（C）混合产生白色，因此，红色（R）和青色（C）为互补色；绿色（G）和洋红（M）混合产生白色，因此，绿色（G）和洋红（M）为互补色；蓝色（B）和黄色（Y）混合产生白色，因此，蓝色（B）和黄色（Y）为互补色。

※ 1.2.3 混合色

　　颜色的混合分为加色法和减色法。

　　两种色光叠加，亮度增加者为加色法，加色法是两种以上的光同时刺激人的视神经而引起的色彩效应，是色光混合呈色的方法。色光混合后，不仅色彩与参加混合的各色光不同，同时亮度也增加了。因此，计算机显示器、液晶电视和投影仪为加色法色系。

　　对于发光物体来说，采用色光三原色的混合可以得到其他颜色的光，这种方法就是用红、绿、蓝三原色光按不同比例相加而获得其他色彩的一种方法。例如，红色和绿色等量混合相加即得到黄色；绿色和蓝色等量混合相加即得到青色；蓝色和红色等量混合相加即得到洋红；红色、绿色和蓝色等量混合产生白色。即：

　　　　R（红色）＋G（绿色）＝Y（黄色）　　　　　　　　　　（公式 1-1）

　　　　G（绿色）＋B（蓝色）＝C（青色）　　　　　　　　　　（公式 1-2）

　　　　B（蓝色）＋R（红色）＝M（洋红）　　　　　　　　　　（公式 1-3）

R（红色）＋G（绿色）＋B（蓝色）＝W（白色）　　　　　　（公式 1-4）

加法色中的颜色相加满足结合律，我们可以根据上述公式 1-4 将公式的左边表达式两两结合，再将公式 1-1、1-2 和 1-3 分别代入，就可以得到以下等式：

Y（黄色）＋B（蓝色）＝W（白色）　　　　　　　　　　（公式 1-5）

R（红色）＋C（青色）＝W（白色）　　　　　　　　　　（公式 1-6）

G（绿色）＋M（洋红）＝W（白色）　　　　　　　　　　（公式 1-7）

黄色和蓝色按照一定比例相加即得到白色；红色、青色按照一定比例相加即得到白色；绿色和洋红按照一定比例相加即得到白色，如图 1-3 所示。

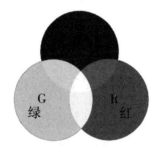

图 1-3　色光加法

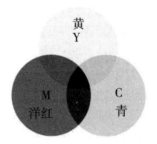

图 1-4　色光减法

两种色料叠加，亮度减少者为减色法，减色法是指因白光或其他复色光照射物体后减某些色光而得到另一种色光刺激的色彩效应，是色料混合呈色的方法，色料混合后，不仅形成新的颜色，同时亮度也降低了，因此打印机、颜料为减色法色系。色光相减如图 1-4 所示。

非发光物体的颜色（如颜料）主要取决于它对外来光线的吸收和反射，所以物体呈现的颜色与照射光谱及该物体吸收的光谱有关。一般把物体在白光照射下所呈现的颜色称为该物体的颜色。

我们看到的红色物体是因为该物体吸收白光中的绿光和蓝光，而白光中含有绿、蓝、红，即：

W（白光）－G（绿光）－B（蓝光）＝R（红光）　　　　（公式 1-8）

所以该物体呈现的颜色便是与青色互补的红色，而吸收的是两种色光，满足加法原理，因此：

G（绿光）＋B（蓝光）＝C（青色）

所以红色颜料便吸收青色。

我们看到的绿色物体是因为该物体吸收白光中的红光和蓝光，而白光中含有绿、蓝、红，即：

W（白光）－R（红光）－B（蓝光）＝G（绿光）　　　　　（公式 1－9）

所以该物体呈现的颜色便是与洋红互补的绿色，而吸收的是两种色光，满足加法原理，因此：

R（红光）＋B（蓝光）＝M（洋红）

所以绿色颜料便吸收洋红。

我们看到的蓝色物体是因为该物体吸收白光中的红光和绿光，而白光中含有绿、蓝、红，即：

W（白光）－R（红光）－G（绿光）＝B（蓝光）　　　　　（公式 1－10）

所以该物体呈现的颜色便是与黄色互补的蓝色，而吸收的是两种色光，满足加法原理，因此：

R（红光）＋G（绿光）＝Y（黄色）

所以蓝色颜料便吸收黄色。

我们看到青色的物体是因为该物体吸收白光中的红光，而白光中含有绿、蓝、红，即：

W（白光）－R（红光）＝G（绿光）＋B（蓝光）

反射出来的是两种色光，满足加法原理，因此：

W（白光）－R（红光）＝G（绿光）＋B（蓝光）＝C（青色）

（公式 1－11）

所以该物体呈现的颜色便是与红色互补的青色，青色颜料便吸收红色。

我们看到洋红色的物体是因为该物体吸收白光中的绿，而白光中含有绿、蓝、红，即：

W（白光）－G（绿光）＝B（蓝光）＋R（红光）

反射出来的是两种色光，满足加法原理，因此：

W（白光）－G（绿光）＝B（蓝光）＋R（红光）＝M（洋红）

（公式 1－12）

所以该物体呈现的颜色便是与绿色互补的洋红色，洋红色颜料便吸收绿色。

我们看到黄色的物体是因为该物体吸收白光中的蓝光，而白光中含有绿、蓝、红，即：

W（白光）－B（蓝光）＝R（红光）＋G（绿光）

反射出来的是两种色光，满足加法原理，因此：

W（白光）－B（蓝光）＝R（红光）＋G（绿光）＝Y（黄色）

（公式 1－13）

所以该物体呈现的颜色便是与蓝色互补的黄色，黄色颜料便吸收蓝色。

对于颜料来说，采用色料三原色的混合可以得到其他颜色的光，这种方法就是用黄色、青色、洋红三原色料按不同比例相加而获得其他色彩的一种方法。例如，打印机的印刷呈色采用的是减法混色。

洋红墨与黄色墨混合产生红色。由于含有绿、蓝、红的白光光线的照射，根据公式 1 – 12，洋红墨吸收了光线中的绿光，根据公式 1 – 13，黄色墨吸收了光线中的蓝光。因此，结果只有光线中的红光反射到我们的眼内，我们便会见到红色，即：

$$W（白色）– G（绿色）– B（蓝色）= R（红色） \qquad （公式 1 – 14）$$

青色墨与黄色墨的减色混合产生绿色，由于含有绿、蓝、红的白光光线的照射，根据公式 1 – 13，黄墨吸收了光线中的蓝光，根据公式 1 – 11，青墨吸收了光线中的红光。因此，结果只有光线中的绿反射到我们的眼内，我们便会见到绿色，即：

$$W（白色）– B（蓝光）– R（红光）= G（绿色） \qquad （公式 1 – 15）$$

青色墨与洋红墨混合产生蓝色，由于含有绿、蓝、红的白光光线的照射，根据公式 1 – 12，洋红墨吸收了光线中的绿光，根据公式 1 – 11，青墨吸收了光线中的红光。因此，结果只有光线中的蓝反射到我们的眼内，我们便会见到蓝色，即：

$$W（白色）– G（绿光）– R（红光）= B（蓝色） \qquad （公式 1 – 16）$$

如果青色、洋红、黄色三原色料全部重叠在一起，由于含有绿、蓝、红的白光光线的照射，根据公式 1 – 11，青墨吸收了光线中的红光，根据公式 1 – 12，洋红墨吸收了光线中的绿光，根据公式 1 – 13，黄墨吸收了光线中的蓝光，所有光均被吸收，我们便见到黑色，即：

$$W（白色）– R（红光）– G（绿光）– B（蓝光）= K（黑色）$$
$$（公式 1 – 17）$$

因此，当不同的色光照射物体时，它会呈现不同的颜色。

在白光照射下，根据公式 1 – 8，红布吸收绿光和蓝光，而只反射红光，所以呈现红色。如果在红光的照射下，因为该布料没有吸收任何光线而反射全部红色，所以呈现红色。如果在绿光的照射下，因为该布料吸收了绿光而无任何光线可反射，所以呈现黑色。在蓝光照射下，该布料吸收了蓝光而导致无其余光可反射，所以呈现黑色。在黄光照射下，因黄光是红光和绿光的混合色，该布料吸收了黄光中的绿光而反射红光，所以呈现红色。在青光照射下，因青光是绿光和蓝光的混合色，该布料吸收了青光中的绿光和蓝光而无其他光反射，所以呈现黑色。在洋红光照射下，因洋红是红光和蓝光的混合色，该布料吸收了洋红中的蓝光而反射红光，所以呈现红色。即：

R（红光）－0（无光）＝R（红色）　　　　　　　　　　　（公式 1－18）

G（绿光）－G（绿光）＝K（黑色）　　　　　　　　　　　（公式 1－19）

B（蓝光）－B（蓝光）＝K（黑色）　　　　　　　　　　　（公式 1－20）

Y（黄光）－G（绿光）＝R（红色）　　　　　　　　　　　（公式 1－21）

C（青光）－G（绿光）－B（蓝光）＝K（黑色）　　　　　（公式 1－22）

M（洋红）－B（蓝光）＝R（红色）　　　　　　　　　　　（公式 1－23）

　　在白光照射下，根据公式 1－9，绿布吸收红光和蓝光，而只反射绿光，所以呈现绿色。如果在红光的照射下，因为该布料吸收了红光而无任何光线可反射，所以呈现黑色。如果在绿光的照射下，因为该布料没有吸收任何光线而反射全部绿光，所以呈现绿色。在蓝光照射下，该布料吸收了蓝光而无任何光线可反射，所以呈现黑色。在黄光照射下，因黄光是红光和绿光的混合色，该布料吸收了黄光中的红光而反射绿光，所以呈现绿色。在青光照射下，因青光是绿光和蓝光的混合色，该布料吸收了青光中的蓝光而反射绿光，所以呈现绿色。在洋红光照射下，因洋红是红光和蓝光的混合色，该布料吸收了洋红中的红光和蓝光而无其他任何光线反射，所以呈现黑色。即：

R（红光）－R（红光）＝K（黑色）　　　　　　　　　　　（公式 1－24）

G（绿光）－0（无光）＝G（绿色）　　　　　　　　　　　（公式 1－25）

B（蓝光）－B（蓝光）＝K（黑色）　　　　　　　　　　　（公式 1－26）

Y（黄光）－R（红光）＝G（绿色）　　　　　　　　　　　（公式 1－27）

C（青光）－B（蓝光）＝G（绿色）　　　　　　　　　　　（公式 1－28）

M（洋红）－R（红光）－B（蓝光）＝K（黑色）　　　　　（公式 1－29）

　　在白光照射下，根据公式 1－10，蓝布吸收红光和绿光，而只反射蓝光，所以呈现蓝色。如果在红光的照射下，因为该布料吸收了红光而无任何光线可反射，所以呈现黑色。如果在绿光的照射下，因为该布料吸收了绿光而无任何其他光线可反射，所以呈现黑色。在蓝光照射下，该布料没有吸收任何光线而反射全部的蓝光，所以呈现蓝色。在黄光照射下，因黄光是红光和绿光的混合色，该布料吸收了黄光中的红光和蓝光而无其他任何光线反射，所以呈现黑色。在青光照射下，因青光是绿光和蓝光的混合色，该布料吸收了青光中的绿光而反射蓝光，所以呈现蓝色。在洋红光照射下，因洋红是红光和蓝光的混合色，该布料吸收了洋红中的红光而反射蓝光，所以呈现蓝色。即：

R（红光）－R（红光）＝K（黑色）　　　　　　　　　　　（公式 1－30）

G（绿光）－G（绿光）＝K（黑色）　　　　　　　　　　　（公式 1－31）

B（蓝光）－0（无光）＝B（蓝色）　　　　　　　　　　　（公式 1－32）

Y（黄光）－R（红光）－B（蓝光）＝K（黑色）　　　　　（公式 1－33）

C（青光）– G（绿光）= B（蓝色）　　　　　　（公式 1 – 34）

M（洋红）– R（红光）= B（蓝色）　　　　　　（公式 1 – 35）

又如一张白纸，在白光下是白色，这说明白纸完全反射全部光，所以在红光下呈现红色，绿光下呈现绿色，蓝光下呈现蓝色。如果同时打上红、绿两种色光就会呈现黄色，同时打上绿、蓝两种色光就会呈现青色，同时打上蓝、红两种色光就会呈现洋红。

因此，只有发光物体才具有其自己的固定不变颜色，不受其他光和周围环境反光颜色的影响。从这个意义上来说，不发光的物体是不存在固定颜色的，其颜色是由其自身的所吸收的光谱结构和周围的光线条件所决定的，所以称之为条件色。

从互补关系来看，有三对互补色：红色 – 青色、绿色 – 洋红、蓝色 – 黄色。在色光加色法中，互补色相加得到白色，即：

R（红光）+ C（青光）= W（白光）　　　　　　（公式 1 – 36）

G（绿光）+ M（洋红）= W（白光）　　　　　　（公式 1 – 37）

B（蓝光）+ Y（黄光）= W（白光）　　　　　　（公式 1 – 38）

在色料减色法中，互补色相叠加得到黑色，即：

W（白光）– C（呈红色物质的光谱）– R（呈青色物质的光谱）= K（黑色）　　　　　　　　　　　　　　　　　　　　　　　　　（公式 1 – 39）

W（白光）– M（呈绿色物质的光谱）– G（呈洋红物质的光谱）= K（黑色）　　　　　　　　　　　　　　　　　　　　　　　　　（公式 1 – 40）

W（白光）– Y（呈蓝色物质的光谱）– B（呈黄色物质的光谱）= K（黑色）　　　　　　　　　　　　　　　　　　　　　　　　　（公式 1 – 41）

◆ 1.3 色彩三要素

从人的视觉角度来看，任何一种色光或颜色都可以用色调、饱和度和亮度这三个特性来描述，人的眼睛细胞感受的色彩信息都是这个三个特性的综合的效果。这三个特性即是色彩的三要素，其中，色调与光波的波长（或者频率）有关，饱和度与光波的复合成分有关，亮度与光波的幅度（强度）有关。

※ 1.3.1 色调

不论是发光体发出色光还是不发光物体吸收一部分色光而反射另一部分色光，都会在人眼视神经上产生一种与色光的波长相关的感觉，这种感觉如果用词汇来描述它就是色调，又称色相。可见光根据色调大致可分为红色、黄色、绿色、青色、蓝色和洋红。

例如，红色与红色物体产生的颜色相关，绿色与绿色物体产生的颜色相关，蓝色与蓝色物体产生的颜色相关。红色、绿色或蓝色是一种色调的名称，色调的不同是由发射光或者反射光的波长的长短差别所决定的。

波长最长的是红色，波长大约为 630 ～ 750 nm；黄色波长大约为 570 ～ 590nm；绿色波长大约为 500 ～ 570nm；青色波长大约为 480 ～ 490nm；蓝色波长大约为 450 ～ 470nm；最短的是洋红，洋红波长大约为 380 ～ 440nm。将红色、黄色、绿色、青色、蓝色、洋红和处在它们各自之间的红 - 黄、黄 - 绿、青 - 绿、青 - 蓝、蓝 - 洋红、洋红 - 红组成一个圆环，即为色相环，这些颜色在环上的位置是根据视觉和感觉的相等间隔来进行安排的，

图 1 - 5 色相环

如图 1 - 5 所示。并规定，0 度为红色，60 度为黄色，120 度为绿色，180 度为青色，240 度为蓝色，300 度为洋红，360 度和 0 度重叠，也是红色。在色相环上，与环中心对称，并在 180 度的位置两端的颜色就是互补色。

※ 1.3.2 饱和度

饱和度是指混合色中不含有灰色的其他成分的比例，一般用百分比来表示。这里的灰色指红、绿、蓝等比例混合产生的白色，这种白色在总的颜色中显得有点灰，所以称为灰色。我们将混合色分为两种成分：一种是灰色，另一种是纯色。纯色就是色相环中的颜色，即红色 - 黄色 - 绿色 - 青色 - 蓝色 - 洋红 - 红色，因此饱和度又称纯度，如图 1 - 6 所示。

例如，用数值来表示某种光谱的强度，混合色中的红色含量为 255，绿色含量为 255，蓝色含量为 255。则饱和度的计算方法如下：

图 1 - 6 饱和度

$$255R + 255G + 255B = 255W$$

因此，经过加法混色后只有 255 个强度的白色，不含任何一种纯色，所以饱和度为 0%。

混合色中，红色含量为 0，绿色含量为 0，蓝色含量为 0 + 255，则：

$$0R + 0G + 0B = 0W$$

因此，经过加法混色后只有 0 个强度的白色，255 个强度的蓝色，所以饱和度为 100%，即不含有灰色，全部是纯色（蓝色）。

混合色中的红色含量为 0, 绿色含量为 0 + 255, 蓝色含量为 0 + 255, 则:

$0R + 0G + 0B = 0W$

$255G + 255B = 255C$

因此, 经过加法混色后只有 0 个强度的白色, 255 个强度的青色, 所以饱和度为 100%, 即不含有灰色, 全部是纯色 (青色)。

混合色中的红色含量为 128, 绿色含量为 255 (128 + 127), 蓝色含量为 255 (128 + 127), 则:

$128R + 128G + 128B = 128W$

$127G + 127B = 127C$

因此, 经过加法混色后有 128 个强度的白色, 127 个强度的青色, 所以饱和度为 50%, 即含有一半灰色、一半纯色 (青色)。

※ 1.3.3 亮度

不论是发光体发出色光还是不发光物体吸收一部分色光而反射另一部分色光, 都会在人眼视神经上产生一种与色光的强度相关的感觉, 这种感觉与光线的强弱相关, 亮度表示颜色所具有的明暗程度, 又称为明度。

我们用百分比来表示亮度。例如, 0% 表示黑色, 表示光线强度最弱, 不能引起人眼视神经的刺激。100% 表示白色, 表示光线强度最强, 能够引起人眼视神经的最大刺激。从 0% 到 100% 的变化表示光线从最弱强度到最强强度, 从 0% 到 100% 之间可以以等间隔的递增排列, 称为灰阶。如图 1 - 7 所示。

图 1 - 7 亮度

在加法混色中, 以数值表示某种原色的强度, 0 表示最小强度, 255 表示最大强度, 那么混合色的亮度值由原色中的最大强度所决定。

例如, 混合色中的红色强度为 0, 绿色为 0, 蓝色为 255, 则混合色的亮度由蓝色光强所决定: $255/255 = 100\%$。

如果混合色中的红色强度为 128, 绿色为 0, 蓝色为 128, 则混合色的亮度由红色或蓝色光强所决定: $128/255 = 50\%$。

如果混合色中的红色强度为 0, 绿色为 0, 蓝色为 0, 则混合色的亮度由红色、绿色或蓝色光强所决定: $0/255 = 0\%$。

◆ 1.4 位图

位图图像是由点阵组成的，组成行列点阵的点就是像素，像素是图像的基本元素。每个像素可以显示不同的颜色，表示颜色可以使用加法混色原理，也可以使用减法混色原理。位图中所有像素也可以进行不同的排列，这些排列的方法就是分辨率。当位图所有像素显示了各自颜色时便构成图像。

位图图像的存储是按照二进制进行的，需要存储的信息包括位置和颜色。位置信息的存储根据分辨率顺序存储每个像素的颜色信息。当放大位图时，我们可以看到像素点变成像素块，从而使线条和形状显得参差不齐。然而，如果从稍远的位置观看它，位图图像的颜色和形状又显得是连续的。与位图有关的基本术语包括屏幕坐标、像素、分辨率。

※ 1.4.1 屏幕坐标

计算机显示屏幕的坐标一般有两种，我们最常用的坐标系是以屏幕的左上顶点为坐标系的原点，X 轴的正向是离开坐标原点水平向右，Y 轴正向是离开坐标原点垂直向下，Z 轴正向是离开坐标原点平面向外接近用户。如图 1-8 所示。

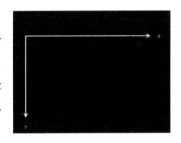

图 1-8 屏幕坐标

※ 1.4.2 像素

我们在显示设备上看到的图像是由发光点组成的，每个发光点在某一时刻只能显示唯一的一种颜色，而一幅图像则是由很多这样发出不同颜色的发光点组成的矩形区域。因此图像的基本组成元素就是这样的发光点，我们称之为像素。例如，我们通常所说数码相机的像素就是指屏幕中照片包含的发光点，如果我们将照片打印出来，这时像素则指相片纸中的染色点。

※ 1.4.3 分辨率

分辨率是描述图像细节的一个重要参数。一幅图像的分辨率是 800×600，则表示水平长度为 800 像素、垂直长度为 600 像素的一个矩形，即意味着图像中记录着 480 000 个像素，每一个像素可以显示一种颜色，各个像素可以显示不同的颜色。因此，分辨率越高则图像中包含的细节越多、信息越丰富、画面越清晰。分辨率有很多种，有显示分辨率、图像分辨率和打印分辨率等。

　　显示分辨率是指整个显示器所有可视面积上水平像素和垂直像素的数量。例如 800×600 的分辨率，是指在整个屏幕上水平显示 800 个像素，垂直显示 600 个像素。在相同大小的屏幕上，分辨率越高，单个像素尺寸就越小。由于显示器的尺寸有大有小，而显示分辨率又表示所有可视范围内像素的数量，所以相同的分辨率在不同的显示器上显示的效果也是不同的，例如，同样是 800×600 的分辨率，14 英寸的显示器比 17 英寸显示器的显示精度要高一大截。

　　图像分辨率是指存储图像文件中所包含的信息的度量，例如图像是 800×600 的分辨率，则该图像中包含水平方向上能显示 800 个像素、垂直方向上能显示 600 个像素，该图像拥有 480 000 个像素，可以显示 480 000 种不同颜色。所以图像分辨率越高，表现出的色彩越丰富，图像也就越清晰，图像质量就越好。

图 1 - 9　像素块

　　图像分辨率是 800×600 像素，在显示比例为 1∶1 (100%)，即图像中的一个像素对应显示器的一个发光点的设置下，如果显示器的分辨率也是 800×600，则显示屏幕上的每个发光点对应着图像中的每个像素，因此完整的图像可以完全地显示在整个屏幕上。如果显示器的分辨率也是 1600×1200，要显示完整的图像只需要屏幕的 1/4 面积。将显示比例调整为 200%，意味着显示图像时水平方向上放大 1 倍且垂直方向上也放大 1 倍，那么图像中的 1 个像素对应到显示器上的 4 个像素，图像中的 1 个像素显示出 1 种颜色，对应图像中的 1 个像素的显示器上的 4 个像素也是 1 种颜色，这样的拥有 1 种颜色的 4 个像素的矩形称为像素块，如图 1 - 9 所示。这意味着在放大视图显示的情况下会出现像素块。将显示比例调整为 50%，意味着显示图像时水平方向上缩小 1 倍且垂直方向上也缩小 1 倍，那么图像中的处在矩形区域内的 4 个像素对应到显示器上的 1 个像素，图像中的处在矩形区域内的 4 个像素可以显示出 4 种不同颜色，而对应图像中的处在矩形区域内的 4 个像素的显示器上的 1 个像素只能显示 1 种颜色，而其余的 3 个颜色信息没有在显示器上显示。这就意味着在缩小视图显示的情况下会损失部分颜色信息。

　　打印分辨率又称为输出分辨率，是指在打印输出时横向和纵向两个方向上每英寸最多能够打印的点数，通常以"点/英寸"即 dpi（dot per inch）表示。而所谓最高分辨率就是指打印机所能打印的最大分辨率，也就是所说的打印输出的极限分辨率。平时所说的打印机分辨率一般指打印机的最大分辨率，目前一般激光打印机的分辨率均在 600×600dpi 以上。

　　分辨率有时也指图像单位长度内像素的数量，分辨率越高意味着在一个单位长度内，排列的像素越多，记录的颜色越丰富。单位长度一般用英寸来表示，也就是一英寸之内有多少个像素。图像分辨率一般用 ppi（pixels per inch）来表示，即每英寸图像内有多少个像素。

当我们存储一幅图像时，图像分辨率一般用水平方向上包含的总的像素 ×垂直方向上包含的总的像素，例如一幅图像分辨率为 1024×768。当我们打开一幅图像文件时，由于图像文件中包含的像素信息要显示到屏幕上，这时图像文件中抽象的一个像素信息就要转变为具体的显示屏幕的一个发光点，这个发光点是有具体尺寸的，换言之，单位长度上包含的像素数量是确定的。一般计算机屏幕显示分辨率为 72ppi（pixel per inch），也就是这个图像在显示器上显示时，每英寸含有 72 个像素。一般打印纸的分辨率为 150dpi（dot per inch），也就是这个图像在打印机输出时，每英寸含有 150 个像素（点）。

◆ 1.5 矢量图

矢量图是以点、直线、曲线和多边形等几何图形来记录和描述内容的图像。其最基本的单位不是像素，而是一些被称为图形元素的对象。这些图形元素包括点、线、矩形、多边形、圆和弧线等，它们具有形状、颜色等属性。矢量图形是通过数学公式来定义的，因此，存储矢量图像文件占用空间小。例如，描述一条线段需要记录两个端点坐标和线段的颜色信息，描述一个矩形需要记录两个对角线上的顶点坐标和颜色信息，描述一个圆则需要记录圆心坐标、半径和颜色信息。例如一束花的矢量图形实际上是由曲线线段所形成的轮廓，由轮廓的颜色以及轮廓所封闭的颜色决定花显示出的颜色。当放大位图图像时，会因存在像素块而使得图像边缘不连续。但是在放大矢量图形时，可以根据数学公式重绘图形而使得图像边缘都是光滑连续的，因此，矢量图容易进行放大操作而不会使图像变形失真。

第 2 章　初识 Photoshop CS

　　Photoshop 是当前最为著名的平面设计图像软件之一，是由 Adobe Systems 公司开发和发行的图像处理软件，简称"PS"。Photoshop 主要处理以像素所构成的位图图像，它拥有众多的编辑与绘图工具，具有很强的图像创作、扫描、修饰、加工和输出功能，可以更有效地进行图像编辑工作，广泛应用在图像制作、广告设计和平面媒体等领域，Photoshop 的未来发展趋势将向多功能化、智能化方向发展。

◆ 2.1 发展历史

　　Photoshop 的创始人是 Thomas Knoll，Adobe 公司于 1989 年获得 Photoshop 的发行权，并于 1990 年正式发行 Photoshop 1.0 版本。这个版本提供了色彩平衡、饱和度调整等功能，最为重要的是引入了后来被称为插件的程序，这个程序为 Photoshop 软件功能的扩充提供了重要的基础。

　　1991 年，Adobe 发布了 Photoshop 2.0，Photoshop 功能逐步完善，提供了很多更新的工具，比如 CMYK 颜色模式以及钢笔工具。还增加了运行软件的内存空间，这极大地提高了软件的稳定性。

　　1994 年，Adobe 对外正式发布了 Photoshop 3.0。较之以前的版本，增加了一些非常重要的功能和特性。例如，可以允许用户在不同视图窗口中处理图片，然后合成一张图片。另外一个重要新功能是图层，图层概念使得图像处理变得非常容易修改。

　　1997 年，Adobe Photoshop 4.0 版本发行，主要改变是统一用户界面，程序使用流程有所调整。增加了观察和放大图像、选区移动和复制、数字水印保护、应用变形效果、应用色调等功能，此外还提供了更多的文件格式支持。

　　1998 年，Adobe 发布了 Photoshop 5.0。在该版本中，提出了历史记录的概念，在历史记录面板中，可以回退到以前的编辑状态，增强了图像的可修改性。通过历史记录来撤消操作，这与一般的回退操作不同，不但可以使全部区域回退到以前编辑状态，而且还允许局部区域回退到以前编辑状态。

2000 年，Adobe 发布了 Adobe Photoshop 6.0。在此版本中，引入了形状概念，这一特性允许用户使用矢量图形编辑图像。用户可以将矢量图层像素化，然后再与其他图层合并输出。此外，Photoshop 6.0 加强了与其他 Adobe 工具之间的共享与交互操作。

2002 年，Adobe Photoshop 7.0 版本正式发布。Photoshop 7.0 版增加了图片浏览器、工具预设和数码相机数据支持等功能。图片浏览器允许用户更快更方便地打开磁盘上的文件。工具预设允许用户随时使用工具箱中已经预先设置好的各种工具。数码相机数据支持功能增加了对基本的数码相机数据（如 EXIF、RAW 数据）文件的支持。

2003 年，Adobe 发布了 Photoshop8.0，并将 Adobe Photoshop 8.0 更名为 Adobe Photoshop CS。CS 指的是 Creative Suit。在这个版本中，支持相机 RAW2.x 无损压缩数据、阴影/高光命令、颜色匹配命令、镜头模糊滤镜等功能。此外，还允许用户使用 JavaScript 脚本语言编写程序，支持编写扩展功能插件。

2005 年，Adobe 发布了 Photoshop CS2。这个版本对图像编辑领域进行了一次重要创新，增强了对图像的修改编辑操作，例如，污点修复工具可以快速去除图像中的污点，红眼工具允许用户消除因相机拍摄产生的红眼。在图像不失真的情况下，允许用户变换图形和矢量图。通过创建链接图层来改善图层选取效率，以便一次编辑、修改多个图像，实现运行时的内存管理，支持高动态范围成像。此外，增加了对数码相机 RAW3.x 数据格式的支持。

2007 年，Adobe 发行 Adobe Photoshop CS3。调整了作为重要的窗口组成部分的工具箱的显示外观，将其变成可伸缩的，可为长单条和短双条，并将快速蒙版模式和屏幕切换模式的操作方法作了改变，更符合用户操作习惯。此外，还优化了启动项目，支持快速启动。

2008 年，Adobe 发行 Adobe Photoshop CS4。Photoshop CS4 给用户带来顺畅的使用体验，支持基于 OpenGL 的 GPU 图形加速，能够极大地提高工作效率。允许用户快速打开大容量图像文件，对图片进行缩放、旋转也不会存在任何延迟。允许用户在导入 3D 模型的表面添加文字和图画，如同直接在表面渲染一样。此外，Adobe Photoshop CS4 还增加了对视频流、动画、深度图像分析等支持的功能。

2010 年，Adobe 发布了 Photoshop CS5，受到用户的广泛关注。在此版本中，使用更小的工具栏，加入了更实用的画笔特性，强化颜色填充功能。支持宽屏显示的面板和多个浮动面板统一停靠。实现多张照片自动生成全景，改善区域选择工具，增添智能滤镜。在不破坏原图的情况下，允许用户轻松编辑图形图像。

2012 年，Adobe 发布了 Photoshop CS6。新的版本运用全新的用户界面，方便用户及时操作自己的图像，使用割图等工具进行编辑时能够获得即时结果。此外，还增加了内容识别修复功能，通过融合像素用来修复损坏的像素，从而实现超越一切的完美效果。

◆ 2.2 软件功能及应用领域

※ 2.2.1 软件功能

从功能上看，该软件可分为图像编辑、图像合成、校色调色及特殊效果等应用。图像编辑是图像处理的基础，可以对图像做各种变换，如放大、缩小、旋转、倾斜、镜像、透视等。也可进行复制、去除斑点、修补、修饰图像的瑕疵等。这在照相处理制作中有非常大的作用。还可对照片中不满意的部分进行美化加工，实现令人满意的效果。

图像合成通过图层操作和移动对象将几幅独立的图像合并为完整的、具有新意义的图像，这是艺术处理所需的基本方法。用户使用绘图工具可以使拍摄的图像与自身创意进行很好的融合，凝练对主题设计的表达。

校色调色用来调整不满意的色彩，纠正色偏，可以方便快捷地对图像的颜色进行明暗、色调的调整和替换，也可以在不同颜色模式之间进行切换以满足不同的应用领域。例如，网页设计要求图像小，多媒体则要求图像颜色丰富逼真。

特殊效果用来创建模仿传统介质绘画、光照渲染模型和纹理边缘等特效，在软件中通过各种各样的滤镜去实现不同的效果。例如，水彩、浮雕、木刻和描边等常用的传统美术绘画都可以通过滤镜实现类似效果。

※ 2.2.2 应用领域

自从发布 Photoshop 软件产品以来，用户群规模逐渐增长。友好的界面、强大的功能和开发的平台是 Photoshop 为用户带来的全面享受，因此，一直受到用户和支持者的欢迎与关注。Photoshop 用于图像修饰、美化和制作，它的特色在于图像处理，而不是图形创作。图像是像素构成的位图，对图像的修改其实就是对像素颜色的修改。Photoshop 擅长对色彩的管理，通过提供各种各样的工具来编辑和改善图像的色彩，从而实现对图像的处理。而图形创作是用户根据自己的设计思想或想法将头脑中的构思变成屏幕上的现实，这一过程是从无到有，需要使用矢量方法来设计图形，这类软件主要有 Adobe 公司的另一个著名软件 Illustrator、Macromedia 公司的 Freehand 以及 Corel 公司的 CorelDRAW 等。

　　目前，Photoshop 主要应用于平面设计领域，包括设计图书封面、制作宣传海报、修复照片、广告摄影、包装设计、影视传媒、艺术文字、插画设计、网页制作、后期修饰、设计公司标识、界面设计、艺术绘画以及处理三维帖图等。

◆ 2.3 窗口介绍

※ 2.3.1 启动

启动 Photoshop CS 与启动一般软件一样，可以有多种启动方法。

　　第一种方法：如果安装 Photoshop CS 软件在桌面上创建了快捷方式，则可以通过单击桌面快捷方式来启动应用程序。如图 2－1 所示。

图 2－1　快捷方式

　　第二种方法：通过开始菜单启动程序。单击"开始｜程序｜Photoshop CS"菜单命令。如图 2－2 所示。

图 2-2 开始菜单

第三种方法：通过开始菜单运行对话框。首先，设置环境变量。单击"开始｜控制面板｜系统"打开"系统属性"对话框，如图 2-3 所示。然后单击"环境变量"按钮，打开"环境变量"对话框。如图 2-4 所示。

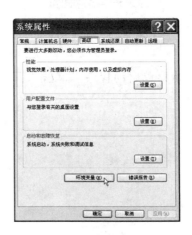

图 2-3 系统属性对话框

图 2-4 环境变量对话框

单击"新建"按钮，输入环境变量名为 ps，输入变量值为安装路径，如图
2-5 所示。最后一步是打开"开始|运行"，在对话框中输入:% ps%，单击
"确定"按钮，如图 2-6 所示。

图 2-5 新建用户变量

图 2-6 运行对话框运行程序

※ 2.3.2 窗口组成

启动 photoshop 后，就进入 Photoshop 的工作界面了，Photoshop 窗口由以下
几部分组成：标题栏、菜单栏、工具箱、工具选项栏、状态栏、控制面板和图
像编辑窗口组成。如图 2-7 所示。

图 2-7　窗口组成

2.3.2.1 标题栏

标题栏是位于窗口最顶端的水平栏，从左到右依次是：Photoshop 应用程序图标、Photoshop 应用程序名称、最小化最大化、还原和关闭按钮。使用标题栏可以移动窗口位置或调整窗口大小。

2.3.2.2 菜单栏

Photoshop 通过两种方式执行操作，一是菜单，二是快捷键。菜单栏是位于标题栏的下方的水平条。菜单栏集中了对图像的所有操作命令和环境参数设置，为整个环境下所有窗口提供操作接口，这些操作命令依据功能划分为文件、编辑、图像、图层、选择、滤镜、分析、视图、窗口和帮助 10 项。文件菜单包含了与存储有关的命令；编辑菜单包含了一些修饰工具命令；图像菜单包含了色彩模式图像大小设置的命令；图层菜单包含了对图层合并等操作命令；选择菜单包含了对图像区域选择的命令；滤镜菜单包含了扩展的图像特效处理命令；分析菜单包含了定位操作命令；视图菜单包含了屏幕显示有关命令；窗口菜单包含了窗口排列设置等命令；帮助菜单提供用户在线帮助手册功能。菜单又可以分为两组，一组是系统菜单，包括文件、编辑、视图、窗口和帮助，这些菜单所提供的操作命令与其他应用程序中的文件、编辑、视图、窗口和帮助菜单所提供的功能并无二致；另一组是图像、图层、分析、选择和滤镜，可以认为这些菜单所提供的功能是 Photoshop 所独有的。

2.3.2.3 工具箱

工具箱中包含了 Photoshop 大部分操作工具，包括选框、套索、魔棒、画笔、图章、钢笔、渐变和文字等。使用工具可以查看图像、裁剪图像、选择图像区域、重新着色所选择的区域等。有些工具的右下角有一个小三角形符号，这表示在该工具位置上存在一个工具组，其中包括若干个相关工具。鼠标单击小三角形符号可以展开或收缩工具组，如图 2 - 8 所示。单击左上角的双向箭头，可以将工具栏变为单列竖排，再次单击则会还原为两列竖排。拖动工具箱的标题栏，可移动工具箱。鼠标单击某工具则可选中该工具，在工具选项栏显示该工具的相关参数或属性，允许用户修改这些参数或属性。

图 2 - 8　工具箱

2.3.2.4 工具选项栏（又称属性栏）

很多工具具有多种工作模式，通过设置参数可以指定其工作模式，这些参数允许工具以某种具体方式编辑图像。当选择工具箱中的某个工具后，工具选项栏就会改变成相应工具的参数设置选项。例如，画笔工具是用来着色的，当用户选择画笔工具，工具选项栏就会改变成画笔工具的参数设置选项，用户可以修改画笔直径参数以获得适当的画笔笔尖大小，如图 2 - 9 所示。

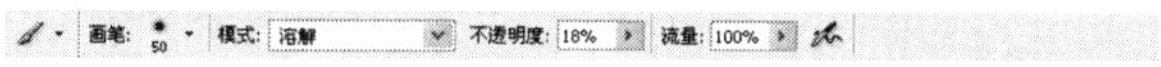

图 2 - 9　选项栏

2.3.2.5 状态栏

位于 Photoshop 窗口最底端的水平条是状态栏，由三部分组成，从左至右分别是：缩放框、预览框和文本框。最左边的是缩放框，显示当前图像窗口的显示比例，用户也可在此窗口中输入数值后按回车来改变显示比例；中间部分是预览框，单击右边的黑色三角按扭，打开弹出菜单，选择任一命令，相应的信息就会在预览框中显示；最右边的是文本框，说明当前所选工具和所进行操作的功能与作用等信息。

预览框中包括的信息有文档大小、文档配置文件、暂存盘大小、效率、计时和当前工具，如图 2 - 10 所示。文档大小表示当前显示的是图像文件尺寸。左边的数字表示该图像不含任何图层和通道等数据情况下的尺寸，右侧的数字表示当前图像的全部文件尺寸。文档配置文件在状态栏上将显示文件的颜色模式。文档尺寸在状态栏上显示文档的大小（宽度和高度）。暂存盘大小表示已用和可用内存大小。效率表示 Photoshop 的工作效率，低于 60% 则表示计算机硬盘可能已无法满足要求。计时表示执行上一次操作所花费的时间。当前工具指出当前工具箱中选中的工具。

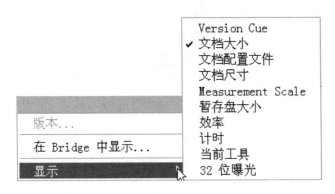

图 2 - 10　显示文档属性

2.3.2.6 控制面板

控制面板显示了操作图像时的图像颜色、导航器、直方图、信息、色板、图层、路径、样式、通道、动作、历史记录等信息和命令，可通过菜单"窗口 | 显示"来显示和隐藏面板。按 Tab 键，自动隐藏控制面板、工具选项栏和工具箱，再次按 Tab 键，显示以上窗口组件。按 Shift + Tab，隐藏控制面板，保留工具箱的显示。

2.3.2.7 图像编辑窗口

Photoshop 最大的窗口组件是位于整个应用程序窗口的中间部分，这个窗口是图像窗口，它是 Photoshop 的主要工作区，用于显示图像文件。图像窗口带有自己的标题栏，提供了打开文件的基本信息，如文件名、缩放比例、颜色模式等。如同时打开两幅图像，可通过单击图像窗口进行切换。图像窗口切换可使用 Ctrl + Tab。

2.3.2.8 工作区

Photoshop 允许用户设置工具箱、工具选项栏和控制面板的显示和排列，用户可以使用熟悉的工作环境来编辑处理文档和文件，而组成工作环境的窗口组件的任何排列方式称为工作区。不同的工作区具有不同的外观，用户可以预设工作区，保存工作区。用户在编辑图像时可以在不同的工作区之间自由切换来选择自己喜欢的工作区。此外，还可以通过从多个预设工作区中选择或创建自己的工作区来调整各个窗口，以适合用户的工作方式。

◆ 2.4 基本术语

※ 2.4.1 色彩空间

我们在第 1 章中介绍了色彩的基本知识，色彩是人的眼睛对于不同频率的光线的不同视觉感受。色彩空间是指在某一色彩模型中所定义的色彩范围的分布，又称作"色域"。通常人们以一维、二维、三维或四维空间坐标来表示某一色彩，这种坐标系统所能描述的色彩范围即色彩空间。一维色彩空间有灰度，二维色彩空间有我们经常用到的色彩空间，主要有 RGB、CMYK、HSB、Lab 等。

※ 2.4.2 灰度模式

灰度指的是纯黑、纯白以及从纯黑到纯白之间的一系列的过渡色。在计算机中用二进制存储信息，Photoshop 主要处理位图图像。如果去除图像中的彩色信息，即像素颜色信息不含色相和饱和度值，只包含亮度值，那么可以只用一个字节（8 位二进制）来表示像素颜色值（即亮度值），一个字节的二进制所能表示的整数值范围为 0～255，因此用一个字节表示的像素颜色值为 0～255。若将灰度量化为 256 个等级灰度级，从 0～255 表示亮度从深到浅、从黑到白。

灰度模式就是用一个字节表示一个像素颜色，即用 0～255 的一维整数坐标表示像素的灰度，每个像素值都是介于黑色和白色之间的 256 种灰度中的一种。0 表示纯黑色，100 表示纯白色。灰度有时用百分比来表示，范围从 0% 到 100%。

※ 2.4.3 RGB 模式

RGB 模式采用三原色发光原理，用红（R）、绿（G）、蓝（B）三色光创建颜色。一个像素用三个字节来表示其颜色,包括红色、绿色和蓝色三个颜色分量,每个分量占用一个字节。用以表示红色(R)分量的字节的表示范围为 0 ~ 255;用以表示绿色(G)分量的字节的表示范围为 0 ~ 255;用以表示蓝色(B)分量的字节的表示范围为 0 ~ 255。因此,RGB 颜色模式能够表示的色彩空间就是 255^3,大约 1670 万种颜色,俗称真彩色。

※ 2.4.4 CMYK 模式

CMYK 模式采用用于打印机的 4 种分色,包括青色、洋红色、黄色和黑色,用 C 表示青色、M 表示洋红色、用 Y 表示黄色、用 K 表示黑色。无论何时打印图像都会使用 CMYK 油墨,CMYK 用百分比表示。

根据减色混色法,青色油墨只吸收与青色互补的红光,洋红色油墨只吸收与洋红互补的绿光,黄色油墨只吸收与黄色互补的蓝光。这样通过吸收部分光线和反射部分光线,而不是直接创建光,就能够打印 RGB 图像。但由于油墨的纯度问题,CMYK 油墨并不能够打印出用 RGB 光线创建出来的所有颜色。如图 2 - 11 所示。

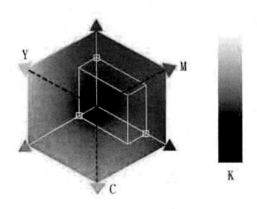

图 2 - 11　CMYK 模式

※ 2.4.5 HSB 模式

HSB 模式是采用色彩三要素来定义颜色的,任何一种颜色都可以根据人眼的色彩接受感觉的程度来描述。所有的用 RGB 模式或 CMYK 模式描述的颜色都可以分解为以下三种成分:色相(H)、饱和度(S)和亮度(B)。

色相指色彩的颜色名称,对色彩的调整就是在多种颜色之间变化,例如春天万物变绿了,绿色就代表了一种颜色,饱和度用 0 ~ 360 度来表示。饱和度是指图像的彩度，调整饱和度就是增加或降低图像的彩度，用百分比表示。如果将饱和度降低到0%，则表示一个灰度图像；将饱和度增加到100%，则表示颜色最鲜艳。亮度是指颜色的明暗程度，用百分比表示，0%表示强度最暗最弱，100%表示强度最强最亮。如图 2-12 所示。

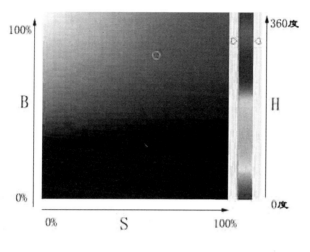

图 2-12　HSB 模式

※ 2.4.6 索引模式

图 2-13　调色板所包含的颜色数量

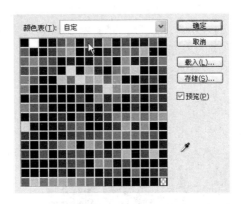

图 2-14   颜色表

一般来说，索引模式是从 RGB 模式转换来的。例如，分辨率为 800×600 像素的原图像包含的颜色值大约有 480 000 个，如图 2-13 调色板所包含的颜色数量所示。但人的肉眼无法区分这么多颜色的细微差别，因此，从这 480 000 个不同颜色值选取最具代表性的 256 种颜色，将这 256 种颜色存储为索引文件，这就是索引模式。

索引模式指的是图像中像素的颜色定义来自索引文件，如果存储了一个 8 位色彩深度的索引文件，则该文件中包含的颜色数量为 $2^8 = 256$ 种颜色，索引文件中的颜色表有 256 个颜色，这些颜色是预先定义好的。所有图像中像素的颜色值用 0~255 来表示，但是此处的数值不表示灰度，而是在索引文件查找颜色表的索引号。例如，图像中一个像素的颜色值为 8，那么去查找索引文件中颜色表的第 8 个颜色，经查颜色值为 340 度、32% 和 60%。如图 2-14 所示。

※ 2.4.7 位图模式

位图模式指的是由纯黑色和纯白色组成的图像模式，此处的位图不同于与矢量图相区分的位图图像中的位图。位图模式是从灰度模式转换过来的，其他图像模式先转换为灰度模式，然后才能转换为位图模式。将灰度模式中的颜色即灰色值高于中间灰阶（128 级）就转换为白色，将低于中间灰阶则转换为黑色，转换的结果是高对比度的黑白图像。图 2-15 转换后如图 2-16 所示。

图 2-15　原图

图 2-16　位图模式

※ 2.4.8 Lab 模式

Lab 模式是由国际照明委员会公布的一种色彩模式，它既不同于 RGB 模式，又不同于 CMYK 模式。RGB 模式属于加法混色法，取决于发光体发出的光线情况。CMYK 模式属于减法混色法，取决于颜料吸收光线的情况。Lab 模式从理论上规定了所有可见光的色彩模式，它既不依赖光线，又不依赖颜料。因此，Lab

模式的这种设备无关性促使其成为一种用来进行不同颜色模式转换的中间颜色模式。例如，将 CMYK 模式转换成 RGB 模式时，Photoshop 首先将 CMYK 模式转换为 Lab 模式，然后将 Lab 模式转换为 RGB 模式。

Lab 模式由 L、A 和 B 三个分量组成。L 表示亮度，A 表示红色到灰色再到绿色变化的颜色范围，B 表示蓝色到灰色再到黄色的变化范围。在表达色彩范围上，Lab 模式色域最广，RGB 模式次之，CMYK 模式最小。

※ 2.4.9 通道

在 Photoshop 中，通道有时指的是颜色模式中的分量，例如，RGB 模式的 R 通道、G 通道和 B 通道，CMYK 模式的 C 通道、M 通道、Y 通道和 K 通道。但有时候通道指的是颜色深度，例如，我们经常说到的 8 位通道、16 位通道和 32 位通道，这里的 8 位通道、16 位通道和 32 位通道指的是颜色模式的分量即通道的位深。

例如，8 位通道的 RGB 模式表明每一个通道都用 8 位二进制存储。R 通道有 $2^8 = 256$ 个红色灰度级，描述了红色分量的强度；G 通道亦有 $2^8 = 256$ 个绿色灰度级，描述了绿色分量的强度；B 通道也有 $2^8 = 256$ 个蓝色灰度级，描述了蓝色分量的强度。16 位通道的 RGB 模式表明每一个通道都用 16 位二进制存储。R 通道有 $2^{16} = 65536$ 个灰度级，描述了红色分量的强度；G 通道亦有 $2^{16} = 65536$ 个灰度级，描述了绿色分量的强度；B 通道也有 $2^{16} = 65536$ 个灰度级，描述了蓝色分量的强度。最为常见的 8 位通道 RGB 图像包含 3 个通道共 24 位，即一幅 24 位 RGB 图像里的每个像素可表现出 $2^{24} = 1670$ 万种颜色。

◆ 2.5 文件操作

文件是信息在计算机中的存储。Photoshop 在对图像进行加工处理之前，用户打开文件，输入给 Photoshop 的是修饰编辑前的图像文件。Photoshop 在对图像进行加工处理之后，用户保存文件，输出的是修饰编辑后的图像文件。无论是打印图像还是在网上发布图像，都与文件类型和文件操作有关。不同类型的文件意味着文件存储格式不一样，处理程序也不一样。

一种类型文件由相关的应用程序来打开处理，一个应用程序处理与它相关的一些文件类型。运行任何编辑类应用软件（调用程序进入内存）都会在内存中建立包括代码区和数据区的程序空间，数据区是可以输入、删除和修改的用户数据。内存中的应用程序数据区的数据来源有键盘输入和外存中打开的文件。

而在关闭应用程序退出内存之前，数据区的数据应该保存到外存中的文件。因此，文件操作就是涉及数据的输入、修改和存储的操作。常用的文件操作有用来创建空的数据区的新建文档、用外存文件的副本来初始化数据区的打开文件、将数据区的内容输入到外存的保存文件。

※ 2.5.1 文件类型

2.5.1.1 BMP 位图文件

BMP（Bitmap 位图映射文件）是 Window 平台中的标准图像文件格式，应用非常广泛。位图图像采用位映射存储格式，每一个像素可以用一个或多个字节表示。如果用三个字节即 24 位表示像素，则可以使用 RGB 颜色模式。如果每个像素用一个字节来表示，则需使用索引颜色模式的颜色表来显示像素颜色。一般情况下，BMP 位图文件是不进行任何压缩的，因此，文件所占用的空间很大。例如，一个 1024×768 的 24 位 BMP 文件占用 2.25MB 空间。所以，BMP 位图文件不适合大量存储和在网络上传输。在 Window 平台上运行的图形图像软件都支持 BMP 图像格式，在打开 BMP 文件时，显示图像是按照从左到右、从上到下的顺序进行扫描。

2.5.1.2 GIF 文件

GIF（Graphics Interchange Format，即图像互换格式）文件是一种基于信息无损编码压缩的文件格式，这种文件格式不依赖任何应用软件，可以运用在各种操作系统上。目前，所有图形图像软件都支持 GIF 文件，GIF 图像文件的数据是经过压缩的，占用空间要比 BMP 格式文件小，比较适合传输。因此，广泛应用于在网络上发布图像以及在其他联机系统上传输图像。此外，用户可以将多幅彩色图像存储在一个 GIF 文件中，如果把存储在一个 GIF 文件中的多幅图像数据逐幅读出，并按照时间顺序显示到屏幕上，就形成了一种简单的动画。由于文件压缩的需要，GIF 文件采用索引颜色模式，因此，GIF 文件的缺点是不能存储显示 24 位真彩色图像文件，仅能处理 256 种色彩文件。

2.5.1.3 JPG/JPEG 文件

JPG/JPEG（Joint Photographic Experts Group，即联合图像专家组）文件是一种由 ISO（国际标准化委员会）制定的、支持 24 位色彩位图压缩的图像文件格式。它是一种信息有损的压缩格式，利用统计规律和人眼视觉区分误差可以将重复的色彩信息和人眼难以区分的色彩信息进行高效压缩，图像中重复或影响不大的像素颜色值被丢弃，能够将图像文件压缩到较小的容量进行存储。

JPG/JPEG 允许用户用不同的压缩比例压缩文件，提供从 10：1 到 40：1 之间的多种压缩比例选择。压缩比例越高，经压缩后损失的数据越多，而解压后还原的图像质量越低；压缩比例越低，经压缩后损失的数据越少，而解压后还原的图像质量就越高。例如，1024×768 的 BMP 位图图像大小为 2.25MB，若选择 10：1 的压缩比，文件大小为 225KB，若选择 40：1 的压缩比，文件大小为 56KB。如果用户既要求逼真的图像质量，又要求较小的存储容量，用户可以在这两者之间寻求平衡，选择折中的压缩比，保留高频使用的色彩，提高还原图像质量，控制图像文件容量。JPG/JPEG 文件一般只有几十 KB，可以支持 24 位真彩色，广泛应用于互联网，可节省图像的传输时间。

2.5.1.4 PNG 文件

PNG 文件格式是一种支持任何颜色深度的位图文件格式，图像质量高于 GIF、JPG 等格式文件。与 GIF 提供对多图像和动画的支持不同的是，PNG 不支持存储多幅图像和动画文件。与 JPG 提供高压缩比的有损耗的压缩不同的是，PNG 文件通过提供高级别信息无损耗压缩来降低文件存储容量大小，因此，PNG 文件也常用在网页中。此外，PNG 文件支持 alpha 通道用来调节透明度，因此可以用来保存一些具有透明度调节功能的文件。一些旧版本的浏览器和软件不提供对 PNG 格式文件的任何支持。

2.5.1.5 TIF/TIFF 文件

TIF/TIFF（Tagged Image File Format，即标签图像文件格式）是一种最早由 Aldus 公司为 Macintosh 开发的高位颜色深度的图像文件格式。TIFF 文件结构复杂、存储容量大，占用空间大约是同样分辨率的 GIF 图像的 3 倍，也是同样分辨率的 JPEG 图像的 12 倍。现在运行在 Windows 平台的图形图像软件都提供对此格式文件的支持，如 Photoshop、GIMP、Paint Shop Pro、QuarkXPress 和 Adobe InDesign 等。因此，TIFF 格式广泛应用在桌面印刷、页面排版、扫描传真、文字处理和光学字符识别等领域。此外，几乎所有的扫描仪都可产生 TIFF 格式文件。

2.5.1.6 PSD/PSB 文件

PSD（Photoshop Document）是一种由 Adobe 公司为图像处理软件 Photoshop 开发的专用的图像文件格式。这种格式能够保存 Photoshop 处理图像时的任何细节信息和数据，例如，可以存储 Photoshop 中所有的图层、蒙版、通道、路径、样式、文本、渲染和颜色模式等信息。

Photoshop 允许用户在保存图像时选择要保存文件的类型。PSD 格式文件保存了所有的 Photoshop 处理原图像时的环境和详细数据信息，使得再次使用 Photoshop 修改图像变得较为方便，并且很多其他的图形图像软件不支持 PSD 格式文件，因此，若用户以后还需要对文件进行修改编辑，则应该用 PSD 格式来保存文件。

虽然 Photoshop 在保存 PSD 格式文件时会对文件进行压缩，以便减少文件大小，节省磁盘空间，但是 PSD 文件结构中除了包括位图图像数据之外，还包含大量的用于 Photoshop 处理图像需要的数据（如图层、蒙版和通道等），因此，PSD 格式文件比其他格式的图形图像文件还是要大得多。如果 Photoshop 处理的图像文件不需再行修改，为了节省磁盘资源和提高网络传输图像的速度，用户可以将 PSD 格式文件转存为 JPG 格式的文件。通常情况下，用 Photoshop 编辑处理好图像后，最好选择 PSD 格式和 JPG 格式这两种格式来保存，以满足不同的需求。

PSB（Photoshop Big，即 Photoshop 大型文件格式）是一种用于大小超过 2GB 的 PSD 格式文件。较旧版本的 Photoshop 不支持这种格式文件，只有新版本 Photoshop CS 才支持大型文件格式。

※ 2.5.2 新建文件

虽然 Photoshop 大多数情况下是通过打开已有的图像文件来修饰美化图像，但有时候也需要通过从屏幕截取图像或者用画笔工具来创建图像文件。这就要求用户新建文件，操作步骤如下：

1. 打开"文件 | 新建"菜单命令或者按下快捷键 Ctrl + N 打开新建对话框，如图 2 - 17 所示。

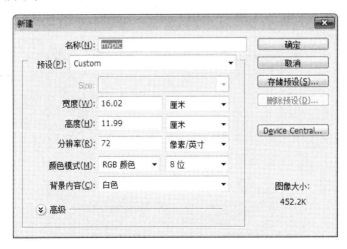

图 2 - 17　新建文件对话框

2. 输入文件名，指定宽度、高度、分辨率、颜色模式、颜色深度和背景颜色。名称指的是主文件名，需符合 Windows 文件的命名规范。高度和宽度是指新建图像所具有的用户指定的高度和宽度，常用的单位有像素、厘米和英寸等，如 2 - 18 图所示。分辨率是指单位长度上的像素数，单位有像素/英寸和像素/厘米。颜色模式指的是存储图像像素颜色的方法，包括位图、灰度、RGB 颜色、CMYK 颜色和 Lab 颜色。颜色深度指的是存储像素颜色通道所占的二进制位，例如，选择 8 位 RGB 颜色意思是用 8 位二进制存储每个通道，RGB 分别有 R、G、B 三个通道。背景内容是图像背景颜色，也就是画布的颜色，可以选择的有白色、背景色和透明色。

图 2 - 18　度量单位

※ 2.5.3 打开文件

扫描仪或数码相机获取的图像通常按照一定的格式存储在磁盘上，如果要处理加工这类图像则必须打开已有的图像文件。目前，Photoshop 支持大多数格式图像文件，打开图像文件操作步骤如下：

1. 打开"文件 | 打开"菜单命令或者按下快捷键 Ctrl + O 打开新建对话框，如图 2 - 19 所示，此图是 Adobe 风格的对话框。如果用户喜欢 OS 风格，可以选择"使用 OS 对话框"按钮。

图 2 - 19　打开文件对话框

2. 文件类型指筛选显示的文件格式。例如，当选择"TIFF（ ＊ . TIF， ＊ . TIFF）"
格式时，主文件名中用到的" ＊ "表示通配符，用来表示任意长度任意字符，
而扩展名 TIF 或 TIFF 则表示对话框窗口只显示一切扩展名为 TIF 或 TIFF 的文
件，而不显示其他格式的文件，这对于快速查找目标文件非常有帮助。通常情
况下，当文件夹中的文件不是太多时，可以选择"所有格式"。

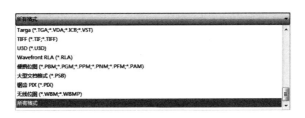

图 2 -20　文件类型

3. 打开多个文件。按着 Ctrl 用鼠标单击可以打开文件夹窗口中的多个不连
续的文件，如图 2 -21 所示。按着 Shift 用鼠标单击可以打开文件夹窗口中的多
个连续的文件，如图 2 - 22 所示。Photoshop 支持多文档窗口操作，打开一个图
像文件就在内存中建立一个文档，打开多个图像文件就在内存中建立多个文档，
每个文档在 Photoshop 主窗口中创建一个文档窗口，用户可以在不同的文档窗口
间切换。切换的方法是打开"窗口"菜单选择想要编辑的文档或者按住 Ctrl +
Tab 组合键。

图 2 -21　选择打开多个不连续文件

图2-22　选择打开多个连续文件

※ 2.5.4 保存文件

内存中的文档在退出程序或关机之后会释放空间，因此在退出应用程序或关机之前应保存文档。图像文件的保存就是把内存中 Photoshop 程序空间中的用户数据区即文档的内容以一定的格式保存到磁盘上。面对不同的文件操作，Photoshop 提供两种不同的存储方式：一种是"存储"，另一种是"存储为"。如图2-23 所示。

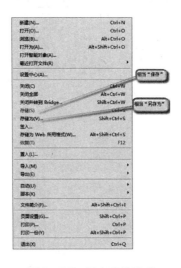

图2-23　保存文件菜单

1. 保存文件。用户打开一个已有的图像文件，进行加工处理以后需要在原有位置以原来格式保存修改后的文件，则可以选择"文件 | 存储"菜单命令或者按下 Ctrl + S 组合键来保存文件。Photoshop 在存储时只需将修改的内容更新到磁盘上，比较节省存储时间和磁盘空间。

2. 另存文件。有两种情况需要另存文件，第一种情况是用户要保存一个新建文档，第二种情况是用户以新位置、新文件名或者新格式保存一个已打开的文档。当出现上述两种情况时，就可以选择"文件 | 存储为"菜单命令或者按下 Shift + Ctrl + S 组合键来打开"存储为"对话框，如图 2 – 24 所示。

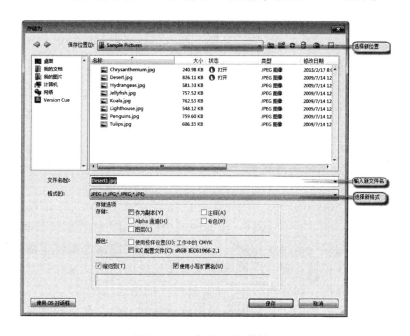

图 2 –24　存储文件对话框

※ 2.5.5 修改文件大小

1. 影响图像文件大小的因素有三个因素。第一个因素是颜色深度和通道数目，颜色深度表示用几位二进制来表示一个颜色通道，通道数目是图像采用的颜色模式有几个颜色分量，颜色深度乘以通道数目就是表示一个像素所占空间。例如，RGB 模式 8 位通道的图像中的一个像素占用 $3 \times 8 = 24$ 位，CMYK 模式 16 位通道的图像中的一个像素占用 $4 \times 16 = 64$ 位。调整颜色模式和颜色深度可选择菜单"图像 | 模式"命令，如图 2 – 25 所示。

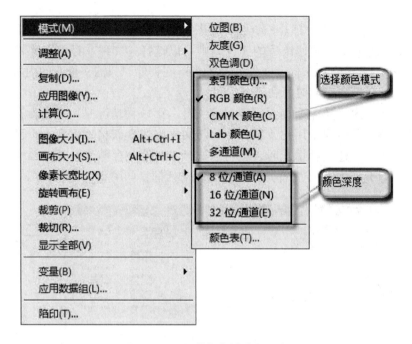

图 2 –25　调整颜色模式和深度

　　影响图像文件大小的第二个因素是存储格式。由于不同类型的图像文件存储的结构不一样，包含的信息不一样，所采用的压缩方法、压缩比也不一样，因此，即使两幅图像像素总量相同，不同文件格式的图像大小也存在很大的不同。如果需要减少存储容量，应该选择压缩比比较大的格式来存储。如果需要保存较高的图像质量，则应该选择压缩比比较小的格式来存储。

　　影响图像文件大小的第三个因素是像素总量的多少。在一些具有相同文件格式的图像文件中，像素总量越多的文件占用磁盘空间越大，像素总量越少的文件占用磁盘空间越小。因为图像中包含的像素数量越多，意味着在单位长度上的打印尺寸上显示像素越多，细节也就越丰富，但同时也意味着需要更多的磁盘存储空间。因此，追求图像质量必然会导致文件容量的增加，为了解决在图像质量与文件大小之间的差异，根据需要适时修改图像像素大小、打印尺寸和分辨率。通过选择"图像 | 图像大小"菜单命令，打开"图像大小"对话框，输入新参数值来调整更改像素大小、打印尺寸和分辨率，如图 2 –26 所示。

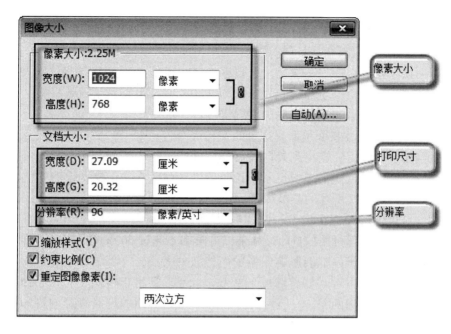

图 2 -26　更改像素尺寸

2. 调整图像的像素大小。这里的像素大小意思是图像的像素总量，因为 Windows 窗口是矩形的，而图像是在文档窗口中显示的，所以像素总量用宽度上的像素大小 × 高度上的像素大小来表示。更改图像的像素大小不仅会影响图像在屏幕上的显示尺寸和清晰程度，而且还会影响到图像输入到打印设备上的质量和实际尺寸。调整图像像素大小的操作方法如下：

（1）如果要使调整前后的像素宽度和像素高度保持相同的比例，则需要选择"约束比例"复选框。当用户更改像素宽度时，Photoshop 将根据约束的比例自动调整高度。当用户更改像素高度时，Photoshop 将根据约束的比例自动调整宽度。

（2）像素宽度和像素高度的度量单位的默认设置是像素。如果要以当前的像素大小作为参照，可以在参数值中输入当前尺寸的百分比值作为调整的幅度，这时需要选择"百分比"作为度量单位。

（3）在"像素大小"位置下文本框中输入新参数值：宽度值和高度值。Photoshop 将计算图像的新文件大小，并显示在"图像大小"对话框的顶端，而旧文件大小在后面的括号内显示。

（4）修改像素数量意味着有的像素被裁减，而又有新的像素插入，如何决定被裁减或插入的像素的颜色值，则依赖"重定图像像素"复选框，一定要选中"重定图像像素"，然后选取插值方法。

（5）如果图像包含应用了样式的图层，则需要选择"缩放样式"复选框，在调整图像像素大小后，图像尺寸可能变大，也可能变小，具有缩放效果。只有选中了"约束比例"，样式图层才会产生与基础图层相应的缩放效果。

（6）完成选项设置后，请单击"确定"。

3. 更改打印尺寸和分辨率。这里的文档大小包括两个参数：打印尺寸和分辨率。当用户创建需要输出到打印设备的图像时，打印尺寸指定了打印纸张上的图像的实际尺寸，分辨率指定了单位长度上的像素个数。这两个参数之积就是像素总数，即前文所述的参数像素大小。Photoshop 支持的最大像素大小为每个图像 300 000 × 300 000 像素，也就是宽度或高度最大值不超过 300 000 个像素。这个值限制图像可用的打印尺寸乘以分辨率不超过 300 000。因此，像素大小、打印尺寸和分辨率都能影响图像的图像文件大小，文档大小还决定将图像放入其他应用程序中时（如剪贴板）的基本大小。还可以使用"打印"命令来进一步处理打印图像的缩放，但使用"打印"命令所做的更改只影响打印后的图像，而不会影响图像文件的文档大小。选择复选框"重定图像像素"则允许插入新像素或删减旧像素，意味着可以改变图像中的像素总量，在单位长度上的像素量（分辨率）不变的情况下，则可以更改打印输出尺寸，或者在打印尺寸不变的情况下，更改分辨率。如果关闭复选框"重定图像像素"，则表示不允许插入新像素或删减旧像素，意味着图像中的像素总量保持不变。如果用户更改打印尺寸或分辨率，Photoshop 会自动调整另一个值以保持像素总量不变。调整打印尺寸和分辨率的操作方法如下：

（1）如果要更改打印尺寸和分辨率而又不更改图像中的像素总数，则取消选择"重定图像像素"复选框。如果要更改打印尺寸和分辨率同时又更改图像中的像素总数，则选择"重定图像像素"复选框并选取一种插值方法。

（2）如果要使调整前后的图像具有相同的宽高比例，则需要选择"约束比例"复选框。当用户更改高度时，Photoshop 根据宽高比例自动调整宽度，当用户更改宽度时，Photoshop 根据宽高比例自动调整高度。

（3）在"文档大小"下输入新的高度值和宽度值。度量单位有英寸、厘米或百分比等，如果需要可以选取一个新的度量单位。

（4）在"分辨率"文本框中输入一个新值。度量单位有像素/英寸或像素/厘米。通常情况下，分辨率可以设置为 72 像素/英寸或 96 像素/英寸。

（5）如果要恢复"图像大小"对话框中显示的初始值，请按住 Alt 键，然后单击"复位"按钮。

第 3 章　选区

　　Windows 操作系统提供给用户一个图形化的操作界面。为了能和系统与其他应用软件的用户的使用习惯保持一致性，运行在 Windows 平台的应用软件遵守一个统一的操作方法，这个方法就是普遍适用在 Windows 平台的先选择对象后选择操作。

　　Photoshop 在打开一幅图像文件后，用户选择工具箱中的工具对图像进行修改，在默认的情况下，这种修改将会影响到整个文档窗口图像。如果需要对图像的局部进行修改应用，则需要在修改应用之前创建选区，选择将要应用修改的部分的像素。通过选择特定区域，用户将绘图和编辑应用在图像的局部，同时保持未选定区域不会被改动。

　　选区可以将图像分成两个或多个部分，Photoshop 提供了多种方法来创建选区。例如，可以通过使用选框和套索工具创建选区，如果要选取整个图像的某一系列相似颜色的区域，可以通过菜单"选择 | 色彩范围"命令获取选区。Photoshop 可以将选区储存在 Alpha 通道中，在以后的使用中，用户可以将 Alpha 通道载入为选区。在 Photoshop 中还可以选择矢量对象作为选区载入，处理矢量对象需要使用钢笔选择工具和形状工具，钢笔工具可以绘制用贝赛尔曲线描述的几何形状的轮廓，被称为路径，路径和选区之间可以相互转换。

◆ 3.1 选取工具

　　工具箱中关于选区的选择工具包括选框工具、套索工具、魔棒工具、快速选择工具和钢笔工具，如图 3－1 所示。选框工具允许用户选取规则的区域；套索工具允许用户绘制由鼠标指针轨迹形成的不规则形状；魔棒工具选取图像中颜色相似的区域；快速选择工具利用可调整直径的画笔来快速选取图像对象，并随着画笔的拖移动态查找对象边缘；钢笔工具通过定义的锚点产生矢量对象。

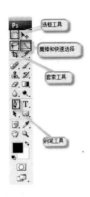

图 3-1　选择工具

◆ 3.2 选框工具

※ 3.2.1 矩形选框工具

矩形选框帮助用户建立一个矩形选区，单击工具箱中的选框工具组按钮，弹出扩展菜单，其中包括矩形选框工具、椭圆选框工具、单行选框工具和单列选框工具。选择矩形选框工具，如图 3-2 所示。

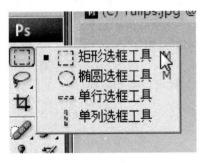

图 3-2　矩形选框工具

图 3-3　矩形选区

按住鼠标左键并拖动鼠标，然后松开鼠标便在图中拖出一个矩形虚线框。按下鼠标左键时指针的位置是为起点，松开鼠标时指针的位置是为终点，起点到终点形成的直线是矩形框的对角线，如图 3-3 所示。如果在按住鼠标左键拖动鼠标创建选区时按下 Shift 键，可以将选框限制为正方形，如图 3-4 所示。如

果要使起点为矩形选框的中心，则应该在鼠标开始拖动之后按住 Alt 键，如图 3 - 5 所示。当不再需要选区时要撤消选区，可以选择菜单"选择 | 取消选择"命令或者按下 Ctrl + D 来取消选区，还可以通过在图像中单击选区以外的位置来取消选择。

图 3 - 4　按下 Shift 键约束长宽比

图 3 - 5　按 Alt 键从中心拖动选框

一个选区只能将图像分成两个部分，选区内的像素接受工具的修改，而选区外的像素不会被改动。但有时需要将图像分成两个以上部分，接受应用修改的区域不止一个，这时需要进行多个选区的复合操作。打开选框工具选项栏，多选区操作选项如图 3 - 6 所示。

图 3 - 6　选框选项栏

多个选区操作共有 4 个按钮：新选区、添加到选区、从选区中减去和与选区交叉。默认的设置为新选区操作，新的选区在图像中显示而旧的选区被取消，或者可以说新的选区将旧的选区覆盖了。

添加到新选区意思是新选区以追加的方式显示在图像上，而旧的选区被保留下来。操作方法是选择矩形选框工具，在图中先绘制一个矩形选区，然后在选框选项栏上单击"添加到选区"按钮或者按下 Shift 键，绘制第二个选区，结果是两个选区相加，如图 3 - 7 所示。

图 3 - 7　添加到选区

图 3 - 8　从选区减去

从选区中减去是指从旧选区中的像素减去新选区中的像素，选定的范围应包含在旧选区中而不包含在新选区中。操作方法是选择矩形选框工具，在图中先绘制一个矩形选区，然后在选框选项栏上单击"从选区减去"按钮或者按下Alt 键，绘制第二个选区，结果是两个选区相减，如图 3 - 8 所示。

与选区交叉意思是既属于新选区又属于旧选区的像素，选定的范围为新选区和旧选区的交集部分。操作方法是选择矩形选框工具，在图中先绘制一个矩形选区，然后在选框选项栏上单击"与选区交叉"按钮或者按下 Shift + Alt 键，绘制第二个选区，结果是两个选区相乘，如图 3 - 9 所示。

图 3 - 9　选区相交叉

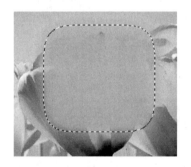

图 3 - 10　羽化选区

在选框工具选项栏里还有一些其他设置，羽化设置是为应用修改的选区添加边缘过渡效果。例如，设置羽化半径为 20 像素，然后绘制选区，用绿色填充选区，选区边缘存在宽度为 20 像素的地带是虚化过渡效果，如图 3 - 10 所示。需要注意的是，绘制选区的直径要大于 2 倍的羽化半径，否则会弹出如图 3 - 11所示的提示对话框。另一个需要注意的是应该先设置羽化半径而后绘制选区。

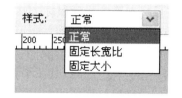

图 3－11　提示对话框　　　　　　图 3－12　选框样式

选项栏的样式选项提供了三种绘制选区的方法，包括正常、固定长宽比和固定大小，如图 3－12 所示。通过鼠标拖动确定选区长宽比的为正常样式，默认情况下绘制选区包括前文所述的都属于正常样式。通过输入长宽比的值来确定长宽比，例如，绘制一个宽度是高度的 2 倍的矩形，可以输入宽度为 200 像素，高度为 100 像素，如图 3－13 所示，绘制正方形可以通过将长宽比设置为 1∶1。固定大小是为选框设定固定的宽度和高度，例如，宽度为 150 像素，高度为 100 像素，如图 3－14 所示。

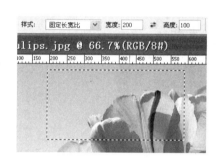

图 3－13　固定长宽比　　　　　　图 3－14　固定大小

※ 3.2.2 椭圆选框工具

椭圆选框用来建立一个椭圆形选区，单击工具箱中的选框工具组按钮，弹出扩展菜单，选择椭圆选框工具，如图 3－15 所示。

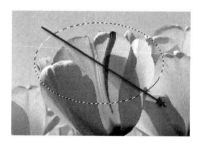

图 3－15　椭圆选框工具　　　　　　图 3－16　椭圆选区

按住鼠标左键并拖动鼠标，然后松开鼠标，便在图中拖出一个椭圆形选框，如图 3-16 所示。按下鼠标左键时指针的位置是为起点，松开鼠标时指针的位置是为终点，起点到终点形成的直线是椭圆形选区的外接矩形的对角线，如图 3-16 中标示的箭头所示。如果要绘制以指定位置为圆心的圆，可以按住 Alt 键并拖动鼠标，则鼠标拖动的起点为圆心，然后再按下 Shift 键限制长宽比为1：1，即为正圆形，如图 3-17 所示。图中为了确定圆心位置，按下 Ctrl + R 打开标尺，选择菜单"视图 | 新建参考线"命令，输入参数，分别建立水平参考线和垂直参考线，确定拖移鼠标的开始点为水平参考线和垂直参考线交叉点。图 3-17 是按下 Shift 键拖动鼠标绘制的圆形，图 3-18 是按下 Alt + Shift 键拖动鼠标绘制指定圆心的圆形。

图 3-17　按下 Shift 键绘制正圆形选区

图 3-18　按下 Alt + Shift 绘制的圆形选区

椭圆选框选项栏的参数与矩形选框的参数意义相同，快捷键的用法也相一致，只有消除锯齿不一样，这个参数是椭圆选框工具用于柔化选区边缘的。下列图示是选区相加、选区相减、选区交叉、羽化选区、固定长宽比和固定大小等参数的应用。

图 3-19　椭圆选区相加

图 3-20　椭圆选区相减

图 3-21　椭圆选区相交叉

图 3-22　椭圆选区羽化

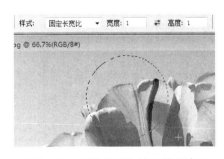

图 3-23　固定长宽比绘制圆形选区

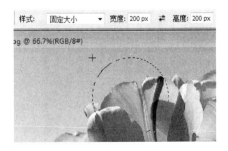

图 3-24　固定大小绘制圆形选区

※ 3.2.3 单行、单列选框工具

单行或单列选框工具将建立宽度为 1 个像素的行或列。单击工具箱中的选

框工具组按钮，弹出扩展菜单，选择单行或单列选框工具，如图 3 – 25 所示。如果需要在图像中产生可打印输出的网格，可以使用单行或单列选框工具。按下 Ctrl + R 打开标尺，选择单行或单列选框工具，在选框选项栏中设置加选区，然后在图中根据标尺确定位置来添加选区，如图 3 – 26 所示。

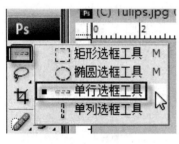

图 3 –25　单行或单列选框

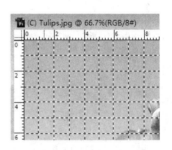

图 3 – 26　网格选区

◆ 3.3 套索工具

※ 3.3.1 套索工具

套索工具帮助用户创建手绘线段构成的选区，常用来画出不规则的区域。单击工具箱中的套索工具组按钮，弹出扩展菜单，包括套索工具、多边形套索工具和磁性套索工具。选择套索工具，如图 3 – 27 所示。

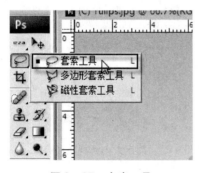

图 3 –27　套索工具

图 3 –28　套索工具勾画对象

在要选择的对象边缘的某处按下鼠标左键并沿着对象边缘移动指针，当指针回到起始点时释放鼠标，鼠标指针移动的轨迹形成闭合区域，如图 3 – 28 所示。因为用套索工具勾画出对象的轮廓的手绘线条难免有误差，为了将误差降低到不影响在实际像素尺寸视图下的选择精确度，通常情况下需要将视图放大，且放大比例越高，勾画好对象轮廓后还原视图效果越好。

如果释放鼠标的位置不与起始位置重合，那么从释放点到起始点形成一条直线以闭合选区，如图 3 − 29 所示。如果要绘制直边的选区边界，需要按下 Alt 键并单击要绘制线段的开始位置和结束位置，如图 3 − 30 所示。可以在绘制手绘线条和直边线条之间切换，按住 Alt 键并拖按鼠标左键绘制的是手绘线条，释放鼠标并单击鼠标是绘制直边线条。如果要抹除刚绘制的线段，需要按住 Delete 键直到抹除了所需线段的紧固点。

图 3 − 29　不重合时闭合选区

图 3 − 30　绘制直边边界

套索工具选项栏参数作用和选区的叠加操作的快捷键与前述选框工具一致，如图 3 − 31 所示。

图 3 − 31　套索工具选项参数

※ 3.3.2　多边形套索工具

由于套索工具在勾画对象轮廓时要求一直按住鼠标左键，当对象轮廓复杂时极易在移动鼠标指针时不小心释放鼠标，这时在释放点和起始点之间形成一条直线从而闭合选区，这不是用户希望的。因此，为了减轻鼠标移动的误操作和压力，Photoshop 提供了多边形套索工具。

单击工具箱中的套索工具组按钮，弹出扩展菜单，选择多边形套索工具，如图 3 − 32 所示。在要选择的对象边缘的某处单击鼠标左键，并沿着对象边缘先后单击鼠标，当指针回到起始点时，指针旁边出现一个小的闭合的圆，单击鼠标形成闭合的多边形选区。如果指针没有回到起始点，则可以双击鼠标左键或者按住 Ctrl 并单击鼠标左键来闭合选区。多边形套索工具将多个顶点首尾相连形成多边形，类似按住 Alt 键并使用套索工具。在选择对象时，通常更多的是使用多边形套索工具，配合使用 Shift 键可以限制线段的角度为 45 度的倍数，如图 3 -33 所示。多边形选框工具选项参数与前文所述一致。

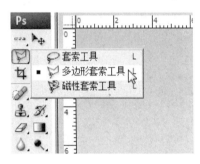

图 3 -32　多边形套索工具

图 3 -33　多边形选区

※ 3.3.3 磁性套索工具

对于要选择的对象与背景颜色有明显对比差异的图像，可以使用磁性套索工具。单击工具箱中的套索工具组按钮，弹出扩展菜单，选择磁性套索工具，如图 3 -34 所示。

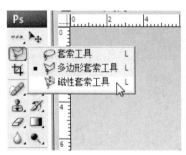

图 3 -34　磁性套索工具

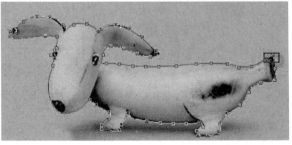

图 3 -35　磁性套索工具选区

在要选择的对象边缘的某处单击鼠标左键，设置选区边框的第一个固定点，然后松开鼠标并沿着对象边缘移动鼠标指针。Photoshop 在指针移动过的轨迹的两侧的一定范围内追踪边缘，并不断地自动添加固定点到选区边框中来。通常在边缘转角处添加的自动固定点不在边缘上，如果边框没有与需要的边缘对齐，则需要单击一次鼠标左键以手动添加固定点。当指针回到起始点即第一个固定点时，指针旁边出现一个小的闭合的圆，单击鼠标左键形成闭合的选区，如图 3 - 35 所示。如果指针没有回到起始点，则可以双击鼠标左键或者按住 Ctrl 并单击鼠标左键来闭合选区。

　　磁性套索工具的选项栏参数与套索工具和多边形套索工具有所不同，如图 3 - 36 所示。由于磁性套索工具会自动添加选区边框的固定点，因此磁性套索工具参数需要确定如何自动添加固定点。

图 3 - 36　磁性套索工具选项栏参数

　　宽度是要指定检测宽度，如果"宽度"是 10 个像素，则意味着磁性套索工具只检测从指针开始向两侧延伸 10 个像素距离以内的边缘。如果要改变磁性套索指针的十字形状为圆圈形状以使检测宽度直观化，则需要按 Caps Lock 键。

　　对比度是要指定磁性套索工具对图像边缘的计算区分度。在对比度中输入一个介于 1% ~ 100% 之间的值，较高的数值将只检测与其周边对比鲜明的边缘，较低的数值将检测低对比度边缘。

　　频率决定了自动添加到选区边框上的固定点的多少，如果要指定磁性套索工具以什么频度设置固定点，则需要在"频率"输入 0 ~ 100 之间的数值。较高的数值会更快地固定选区边框，添加更多的固定点。

　　在对象边缘两侧对比明显的图像上，可以输入更大的宽度和更高的对比度，然后大致地跟踪边缘。在边缘较柔和对比度不明显的图像上，尝试使用较小的宽度和较低的对比度，然后更精确地追踪边缘。在创建选区时，按右方括号键"]"可将磁性套索边缘宽度增大 1 像素；按左方括号键"["可将宽度减小 1 像素。

　　如果要撤消刚刚绘制的线段和固定点，则需要按下 Delete 键直到撤消所需线段的固定点。如果要使用磁性套索工具选框线段闭合边框，则需要双击鼠标左键或按下 Enter 键。如果按下 Alt 键则是要用直线段闭合边框。

◆ 3.4 魔棒工具

　　对于要选择的对象与背景颜色有明显对比差异的图像，可以使用魔棒工具。

使用魔棒工具进行选取时只需单击像素就可以选取与单击处颜色相似的区域，而不必沿着图像边缘追踪轮廓。单击工具箱中的魔棒工具组按钮，弹出扩展菜单，选择魔棒工具，如图 3 - 37 所示。在要选择的对象上单击鼠标，选取基于单击处像素颜色相似的区域，如图 3 - 38 所示。

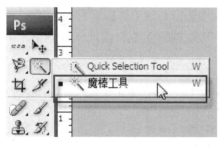

图 3 - 37　魔棒工具

图 3 - 38　魔棒工具建立选区

图 3 - 38 并没有将整个苹果选上，这是因为魔棒工具的选区范围还与指定色彩范围的参数容差有关，容差是与鼠标单击处的像素颜色相似程度。如果要设置容差，打开魔棒工具的选项栏，如图 3 - 39 所示。

图 3 - 39　魔棒工具选项

容差确定选区内所选定像素的相似点颜色差异，在容差文本框中输入以像素为单位、范围介于 0 ~ 255 之间的一个值。如果输入的值较低，则会选择与鼠标单击位置处的像素极其相似的少数几种颜色，选区较小。如果值较高，则会选择与鼠标单击位置处的像素较为相似的多种颜色，选择范围更广的颜色，选区较大。也可以将鼠标单击位置处像素颜色作为样本，计算图中与样本颜色差异在容差设置值许可范围内的像素，并将它们放入选区。例如，图 3 - 39 中容差的默认设置为 32，则意味着选区内所有的像素与单击点像素颜色的差异在 32 个点以内。如果更改容差值为 64，在同样的位置单击鼠标选取，选取的效果如图 3 - 40 所示。如果将容差值更改为 100，选取效果如图 3 - 41 所示。如果将容差值更改为 128，选取效果如图 3 - 42 所示。如果将容差值更改为 255，则选取整个图像，效果如图 3 - 43 所示。在同样的位置单击像素，容差值越大，选区范围越大。

图 3 – 40　容差为 64 的选区

图 3 – 41　容差为 100 的选区

图 3 – 42　容差为 128 的选区

图 3 – 43　容差为 255 的选区

　　从上图对比可以知道，如果要选择的对象颜色色调较为单一，则应该设置较小的容差以精确选取，如果要选择的对象颜色色调差异较大，则应该设置较大的容差以快速选取。对于用魔棒工具选取对象来说，不可能一次就可以成功地选取需要的对象，需要采用多次选择、选区叠加的方法来逐步逼近要选择的区域。根据对象和背景的色调差异情况，需要不断地更改容差值。从每次更改的容差值的比较来看，分为递增步长和递减步长。例如，每次输入的容差值为 16、32、64、128 等这样的序列就是递增步长，每次输入的容差值为 128、64、32、16 等这样的序列就是递减步长。通常情况下，对于对象色调差异不大的图，采用递减步长来选择，对于对象色调差异较大的图，则采用递增步长。

　　魔棒工具选项栏其他参数还有消除锯齿、连续和对所有图层取样。在放大视图后，选框边缘可能不平滑，消除锯齿选项通过插值等方法创建较平滑边缘选区。打开连续选项，要求选定的区域必须和单击处像素位于同一个闭合区域，也就是只选择与单击处像素相同颜色的邻近区域，取消连续选项则意味着将会选择整个图像中与单击处像素颜色相同的所有像素，这里的"相同颜色"的意思是指在容差范围内的差异即为相同颜色。打开对所有图层取样选项意味着从所有可见图层中的数据取样来选择颜色，如果关闭对所有图层取样选项，魔棒工具将只从当前图层中选择颜色样本。

使用魔棒工具选取三个苹果操作方法如下：

1. 选择魔棒工具，设置选项栏参数，选择选区相加按钮，在容差文本框输入 32，取消连续复选框的选择，如图 3-44 所示。

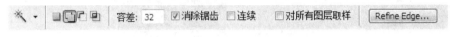

图 3-44　设置容差为 32 的魔棒工具选项栏

2. 在中间苹果中部单击鼠标，如图 3-45 所示。

图 3-45　魔棒工具的第一次选取

3. 调整参数设置，因为背景和苹果色差较大，尝试将容差设置为 64，同时由于容差值变大了，图中的其他位置如树枝的颜色可能也符合与苹果颜色相同的容差许可范围，所以要打开连续复选框选项，如图 3-46 所示。

图 3-46　设置容差为 64 的魔棒工具选项栏

4. 在当前选区外的苹果位置上单击鼠标，如图 3-47 所示。

5. 因为苹果中只有边缘和少数像素没有被选取，所以要减小容差值以便较为精确选取，将容差值更改为 16。同时按下 Ctrl + Space 框选放大苹果中间未选取部分，如图 3-48 所示，然后单击鼠标。

图 3 – 47　魔棒工具的第二次选取

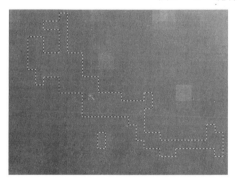

图 3 – 48　放大视图单击鼠标前

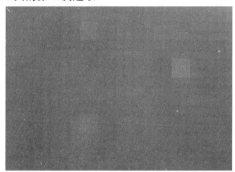

图 3 – 49　放大视图单击鼠标后

6. 打开导航器，移动方框，鼠标单击苹果中间未选中部分，如图 3 – 49 所示。

7. 放大视图并沿着边缘查找还未选取的区域，如图 3 – 50 所示。由于边缘的颜色差异比苹果中部要大，因此，有必要增加容差值以快速选取，将容差值设置为 32，然后在苹果边缘未选取的区域上单击鼠标，如图 3 – 51 所示。

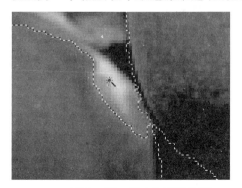

图 3 – 50　还未选取的边缘

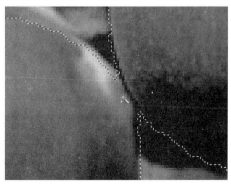

图 3 – 51　已选取的边缘

8. 打开导航器，将预览方框移动到中间和右边苹果之间的树枝，然后放大视图，如图 3–52 所示。可以看到树枝上的部分区域被选进选区，实际上这部分是多余的。因此，这部分要从已选的选区中减去。打开魔棒工具栏选项，选择从选区中减去按钮。然后在树枝上已进入选区的区域上单击鼠标，如图 3–53 所示。

图 3–52　多余的选区

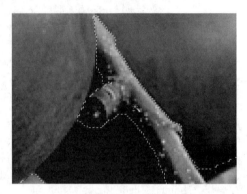
图 3–53　用减选区减去多余的选区

9. 按照前述方法，依次查找所有边缘，根据要选取的边缘的颜色差异动态调整容差值，放大视图并选取还未选取的区域，直到全部苹果被选取，如图 3–54 所示。

图 3–54　魔棒工具选择苹果

◆ 3.5 快速选择工具

快速选择工具利用可调整的圆形画笔笔尖快速绘制选区。单击工具箱中的魔棒工具组按钮，弹出扩展菜单，选择快速选择工具，如图 3-55 所示。

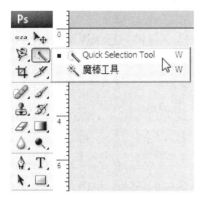

图 3-55　快速选择工具　　　　　　　图 3-56　快速选择工具创建选区

在要选择的对象上拖按鼠标，当用户拖动画笔笔尖时，选区会向外扩展并自动查找和跟随图像中定义的边缘。选区将随着移动画笔笔尖绘画而增大。在形状边缘的附近绘画时，新选区会按照原有选区形状边缘内外侧的对比度一致性方式扩展。如图 3-56 所示。

为快速选择工具的选项栏指定参数，包括新建、添加到、相减、画笔、取样图层和自动增强等，如图 3-57 所示。

图 3-57　快速选择工具选项栏参数

新建是在未选择任何选区的情况下的默认选项。创建初始选区后，此选项将自动更改为添加到，意思是扩展的新选区追加到原有选区。在要选择的图像部分中绘画时，如果停止拖动鼠标，在附近区域内单击或拖动，选区将增大以包含新区域。相减是指从原有的选区减去要缩减的选区，如果要从选区中减去，需要单击选项栏中的"相减"选项，然后拖过现有选区。如果要临时在添加模式和相减模式之间进行切换，需要在拖按鼠标时按住 Alt 键。

如果要更改快速选择工具的画笔笔尖大小，增加计算取样范围，则需要单击选项栏中的"画笔"菜单并输入像素大小或移动"直径"滑块。在建立选区时，按右方括号键"]"可增大快速选择工具画笔笔尖的大小，按左方括号键"["可减小快速选择工具画笔笔尖的大小。

如果取消"对所有图层取样"选项则只对当前图层取样。相反，如果选择"对所有图层取样"选项，则意味着不仅基于当前图层创建一个选区，而且基于所有图层创建一个选区。自动增强将会减少选区边界的粗糙度，打开"自动增强"选项，自动将选区向对象边缘进一步流动并应用一些边缘调整。单击"调整边缘"按钮可以进一步调整选区边界。

如果要更改快速选择工具光标，则需要选择"编辑 | 首选项 | 光标 | 绘画光标"命令。"正常画笔笔尖"显示标准的快速选择光标，其中带有用于显示选区模式的加号或减号。

◆ 3.6 色彩范围

色彩范围通过指定颜色或色彩范围选取图像内的像素。单击菜单"选择 | 色彩范围"命令，打开色彩范围对话框，如图 3 – 58 所示。

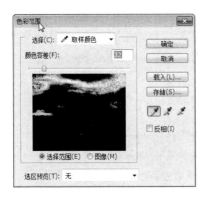

图 3 –58　色彩范围对话框

图 3 –59　取样菜单

在色彩范围对话框中，打开选择列表框，通过选择列表框指定需要选取的颜色，如图 3 – 59 所示。通常情况下选取取样颜色工具，鼠标指针变成吸管状，将吸管指针放在图像或预览区域上，然后单击鼠标，通过吸管工具在图像中采取样本颜色，如图 3 – 60 所示。

图 3-60 取样颜色在图像中取样

在显示预览窗口中，如果选择单选按钮"选择范围"预览，则会显示由于对图像中的颜色进行取样而得到的选区。白色区域是选定的像素，黑色区域是未选定的像素，而灰色区域是部分选定的像素。如果选择单选按钮"图像"预览，则可以预览整个图像，例如，有时候文档窗口视图被放大，部分文档区域没有显示，可能需要从不在文档窗口中的一部分图像取样，这时候应该选择图像预览。

使用"颜色容差"滑块或文本框输入一个数值来调整选定颜色的范围。"颜色容差"设置可以控制选择范围内色彩范围的广度。增加容差可以增加部分选定的像素的数量，减少容差可以减少部分选定的像素的数量。换言之，通过容差值的调整可以将选区预览中的灰色区域调整为白色区域，亦或者调整为黑色区域。输入较低的"颜色容差"值可以限制色彩范围，输入较高的"颜色容差"值可以增大色彩范围，如图 3-61、3-62 所示。在容差值较小的设置情况下，白色区域较小；在容差值较大的设置情况下，白色区域较大。

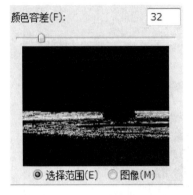

图 3-61　容差为 32 的选择范围

图 3-62　容差为 128 的选择范围

　　如果选择包含多个颜色或色彩范围的选区，单击加色吸管工具或者按住 Shift 键，并在预览区域或图像区域中单击以添加颜色。如果要从包含多个颜色或色彩范围的选区移去某种颜色，选择减色吸管工具或者按住 Alt 键，并在预览或图像区域中单击以减去颜色，如图 3-63、3-64 所示。

图 3-63　加色吸管工具

图 3-64　减色吸管工具

　　如果要在图像文档窗口中预览选区，打开"选区预览"下拉列表框，选取一个选项，如图 3-65 所示。

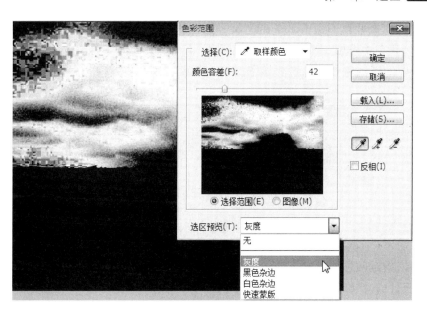

图 3–65 选区预览

　　如果需要还原到上一次选定的选区，则应该按住 Alt 键并单击"复位"按钮，如图 3–66 所示。如果要存储和载入色彩范围设置，则应单击"存储"和"载入"按钮以存储和重新使用以前所保存的设置，如图 3–67 所示。如果需要选择当前选定区域之外的所有像素，则应用"反相"选项，原相和反相之和就是整个图像，对比下面两幅图。

图 3–66　复位选区

图 3–67　反选选区

　　色彩范围命令不可用于 32 位/ 通道的图像。有时候可能会出现这样的提示信息"任何像素都不大于50%的选择，选区边将不可见"。这表明用户可能已从"选择"菜单中选取一个颜色选项，例如"红色"，此时图像中不含有任何带有高饱和度的红色色相的像素。如图3-68所示。

图3-68　不包含满足条件的像素

如果指定颜色不是由取样颜色工具指定的，可以指定为红色、黄色、绿色、青色、蓝色、洋红、高光、中间调和阴影等颜色，但是不能调整选区，而且图像中须有高饱和度的纯色色相才会有选区。高光、中间调和阴影是指白色、灰色和黑色。如图3-69所示。

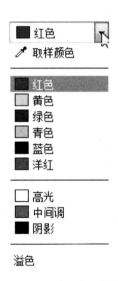

图3-69　选取指定颜色

◆ 3.7 选区移动

在工具箱中选择移动工具。在选区边框内移动指针，并将选区拖动到新位置。如果选择了多个区域，则在拖动时将移动所有区域。如图 3 – 70、3 – 71 所示。移动选区将当前选区的内容拖移到新位置，而在原有选区位置露出了整个图像的背景。

图 3 – 70　原来的选区

图 3 – 71　移动后的选区

　　如果需要将选区移至别处，而且还要保留原有选区内容不变，可以使用拖动时拷贝选区。单击工具箱中的移动工具或者一直按住 Ctrl 键，然后按住 Alt 键并拖动要拷贝和移动的选区。如图 3 – 72、3 – 73 所示。

图 3 – 72　按下 Ctrl 和 Alt 键时指针状态

图 3 – 73　移动并复制选区

　　当在图像之间拷贝时，将选区从现用图像窗口拖动到目标图像窗口。如果未选择任何内容，则将拷贝整个现有图层。在将选区拖动到另一个图像窗口时，Photoshop 会在新的图像中创建图层，将选区复制到新图层。如图 3 – 74 所示。

图3-74　在不同图像窗口之间拖动并复制选区

如果将选区内的像素拷贝至别处，还可以使用拷贝和剪切命令将原选区内容复制到剪贴板，然后使用粘贴和贴入命令将剪贴板内容复制到别处。拷贝是将现有的选区内容复制到剪贴板而保留原有选区内容不变。剪切是将现有的选区内容复制到剪贴板而不保留原有选区内容，而原有选区位置处变成背景。粘贴是将剪贴板的内容复制到图像的另一个部分。如果当前

图3-75　快速选择工具选择树叶

存在一个选区，粘贴命令将剪贴板内容放到当前选区上；如果没有现有选区，则将剪贴板内容放到视图区域中央；如果复制到另一个图像，则作为新图层粘入。

贴入命令将剪贴板选区内容复制到同一图像或不同图像的另一个选区内，当剪贴板中的选区内容超过当前选区所能显示的内容时，当前选区只能显示所能容纳的像素数量，并且当前选区所显示的像素位于剪贴板中的原选区的中央位置。如果将粘贴命令用于当前选区，当前选区是不能显示剪贴板中选区内容的，为了能全部容纳剪贴板所有选区内容，当前选区会适当地扩展。如图3-75所示，使用快速选择工具选择树叶，单击"编辑 | 拷贝"或者按下 Ctrl + C 将选区的内容复制到剪贴板。

图3-76　椭圆选框工具参数

在工具箱中选择椭圆选框工具，设置选项栏参数，如图 3 – 76 所示。然后在图中创建一个圆形选区，如图 3 – 77 所示。单击"编辑 | 粘贴"或者按下 Ctrl + V，将剪贴板内容复制到圆形选区，如图 3 – 78 所示。然后打开"编辑 | 还原粘贴"或者按下 Ctrl + Z 撤消操作，然后再次打开"编辑 | 贴入"或者按下 Shift + Ctrl + V 将剪贴板内容贴入到选区，如图 3 – 79 所示。

图 3 – 77　建立圆形选区

图 3 – 78　粘贴

图 3 – 79　贴入

在移动或复制选区时，既可以使用移动工具也可以使用菜单命令。使用移动工具拖动可节省内存，这是因为此时没有使用剪贴板，而拷贝、剪切和粘贴命令则使用剪贴板。在不同分辨率的图像中粘贴选区或图层时，粘贴的数据将保持其像素尺寸，这可能会使粘贴的部分与新图像不成比例。通常情况下，在拷贝和粘贴图像之前，使用"图像大小"命令可以使源图像和目标图像的分辨率相同。

第 4 章　绘画和编辑

　　Photoshop 拥有多种绘画和编辑工具以更改图像像素的颜色，这些绘图和编辑工具包括画笔、铅笔、颜色替换、涂抹、锐化、模糊、图章、历史记录画笔、图案图章、橡皮擦、渐变、填充和油漆桶工具等，其中有些工具通过描边来对像素重新着色，而另外一些工具则通过大块区域重新应用新的颜色，还有些工具基于图像中现有正常像素颜色修改图像中瑕疵像素颜色。在每种工具栏选项中，可以通过指定画笔笔尖、画笔预设和许多其他工具选项来设置对图像应用颜色的方式和范围。综合运用不同的、用户可以自定义参数的绘画和编辑工具修饰美化图像、创建新图像、模仿传统介质绘画和在图像上产生精美效果，有助于创造极具创造性和艺术性的平面作品。

◆ 4.1 画笔工具

　　运用画笔工具创建比较柔和的线条，可以在图像上绘制当前的前景色，其效果类似用毛笔绘制的线条。单击工具箱中的画笔工具组，选择画笔工具，如图 4-1 所示。

图 4-1　画笔工具

图 4-2　拖按画笔绘画

选择画笔工具后，在图像中拖按鼠标进行绘制，可以用画笔绘画和写字，如图 4-2 所示。如果要绘制直线，则需要在图像中一个位置处单击确定第一个点，然后按住 Shift 键并在另外一个位置处单击确定第二个点，第一点和第二点连成一条直线，依此方法在其他位置单击确定第三点和第四点，再回到第一点上单击，这样四个点相继形成一个四边形，如图 4-3 所示，如果要绘制矩形，可以打开标尺进行定位。

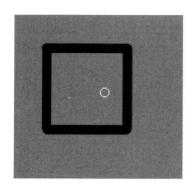

图 4-3 按住 Shift 键绘制直线

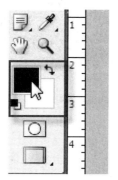

图 4-4 前/背景色按钮

※ 4.1.1 设置前/背景色

画笔绘画运用前景色着色，而默认的前景色为黑色，背景色为白色。很多编辑工具应用前景色绘画、填充和描边选区；与前景色相对应的是背景色，可以使用背景色渐变填充、擦除和涂抹。还有一些滤镜应用前景色和背景色处理图像。通过工具箱中的前/背景色按钮可以设置前景色和背景色，如图 4-4 所示。在工具箱中选择前/背景色按钮，打开颜色调色板，如图 4-5 所示。如果需要更改前景色，可以在 HSB 模式、RGB 模式、Lab 模式和 CMYK 模式中选择一种模式将颜色值输入到调色板的相应的文本框中。还可以在色板上中间部位的色带上拖动滑块选择色相，在左侧面板上选取所需要的饱和度和亮度以实现对颜色的粗略选取。

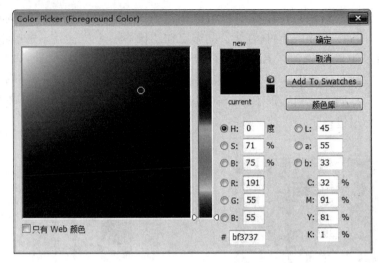

图 4-5　调色板

　　如果需要从已打开的图像文档中定义颜色，则可以使用吸管工具，在工具箱中选取吸管工具，如图 4-6 所示。然后在图像文档窗口中单击取样设置所需前景色，如图 4-7 所示。除上述方法可以设置前景色外，还可以通过颜色调板或色板调板设置新的前景色或背景色，如图 4-8 和 4-9 所示。

图 4-6　吸管工具

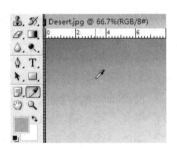

图 4-7　吸管取样设置前景色

图 4-8　颜色调板

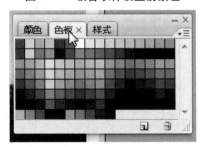

图 4-9　色板调板

※ 4.1.2 画笔工具选项参数

在工具箱中选取画笔工具并显示画笔工具选项栏，如图 4 - 10 所示，包括画笔笔尖、模式、不透明度、流量、喷枪和调板按钮。通过画笔工具选项栏的设置可以调整对图像应用颜色的方式和范围，每个选项按钮对应的作用不同。

图 4 - 10　画笔工具选项栏

如果需要选取画笔笔尖形状，应该单击画笔笔尖后面的三角形，打开设置画笔笔尖对话框。预设管理器将一些已经定义好的笔尖提供给用户选择，在预设管理器面板中选择一种画笔笔尖，在主直径文本框中输入数值，主直径是运用画笔笔尖单击图像所应用新颜色的区域范围的直径，也是拖按画笔笔尖绘制线条的粗细。在硬度文本框输入数值，硬度指定画笔笔尖的柔化程度，如果输入 100% 则表示画笔着色的区域边缘没有羽化过渡效果，如果输入 0% 则表示画笔着色的区域边缘有羽化过渡效果，如果输入的值介于 0% ~ 100% 则表示羽化程度介于两者之间。如图 4 - 11 所示。

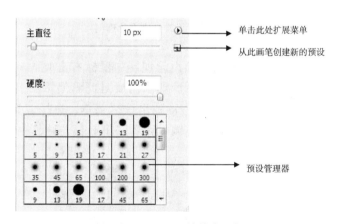

图 4 - 11　画笔笔尖面板

如果将更改参数后的画笔笔尖保存到预设管理器，在下次使用同样参数画笔时可以迅速地选择已存的、满足需要的画笔，而不必选择默认笔尖或者其他笔尖再行设置。将当前设置的画笔存到预设管理器中的新的预设画笔笔尖，需要单击“从此画笔创建新的预设”按钮，或者在画笔预设面板中单击小三角形按钮，打开画笔扩展菜单，如图 4-12 所示，选择"新建画笔预设"命令。

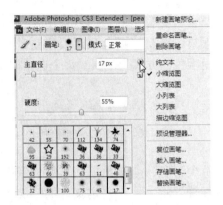

图 4-12　画笔扩展菜单

　　打开"画笔名称"对话框，如图 4-13 所示，给画笔命名，然后单击确定，新的画笔出现了在预设管理器的尾部。

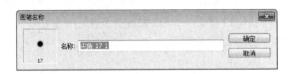

图 4-13　保存画笔到预设管理器

　　如果不再需要此画笔，则应该在预设管理器中鼠标右击此画笔，弹出快捷菜单，选择删除命令，如图 4-14 所示。如果需要对此画笔重命名，在画笔预设管理器中选择一个画笔，然后鼠标右键弹出快捷菜单，选择"重命名画笔"命令打开"画笔名称"对话框，为画笔输入新名称并单击"确定"命令。

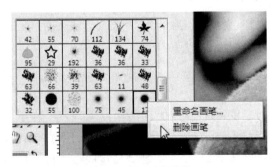

图 4-14　删除画笔

　　在前文所述中，创建新的预设画笔会追加到预设管理器中，其实预设管理器存储在一个称为首选项的文件中。如果此文件不慎被损坏，或者将预设管理器复位到默认状态，则新创建的预设画笔将从预设管理器中消失。如果要永久存储新的预设画笔，或者需要将当前预设管理器中的所有画笔笔尖存储到磁盘上以提供给其他用户共享画笔，则应该保存到画笔库文件或者称为"笔刷"的文件中。

　　如果需要存储画笔，应该在画笔预设面板中选择小三角形按钮，打开画笔扩展菜单，如图 4 – 12 所示。选择"存储画笔"命令打开存储笔刷对话框，输入新的画笔库即笔刷名称，将其保存到默认或选定的文件夹中，如图 4 – 15 所示。可以将笔刷存储在磁盘上任何位置，如果将笔刷文件放在默认安装路径的预设位置的 Presets/Brushes 文件夹中，重新启动 Photoshop 后画笔库名称将出现在画笔扩展菜单底部。

图 4 – 15　存储笔刷对话框

　　如果需要使用外部笔刷，可以从网络上下载笔刷文件，该文件的扩展名为 abr，然后将其保存到本地磁盘上，再从画笔扩展菜单中选择"载入画笔"命令，打开载入笔刷对话框，指定下载笔刷所保存的位置，选择笔刷文件，单击确定。新笔刷可以以两种方式载入：一种是追加到当前预设管理器的尾部，而另一种方式是完全覆盖当前的预设管理器。如果需要将预设管理器的画笔恢复到默认状态，应该在画笔扩展菜单中选择"复位画笔"命令。

　　如果在预设管理器中以多种形式显示画笔笔尖，则应该在画笔预设面板中打开扩展菜单。在菜单中间组提供了关于画笔笔尖显示形式的多种选择，包括纯文本、小缩览图或大缩览图、小列表或大列表和描边缩览图，在当中选择一个显示选项。"纯文本"以文字列表形式在画笔预设管理器查看画笔笔尖，"小缩览图"或"大缩览图"以微观缩略图形式在画笔预设管理中查看画笔笔尖，"小列表"或"大列表"以文字列表和缩略图形式在画笔预设管理中查看画笔笔尖，"描边缩览图"以拖按画笔形成线条缩略图形式查看画笔描边。

　　Photoshop 提供很多画笔笔尖，有些笔尖具有规则的形状，例如圆形笔尖，而有些笔尖具有不规则的形状，例如枫叶画笔。虽然预设管理器提供了很多画笔笔尖，但是并不能满足所有用户需求。如果需要将特定的形状定义成为画笔预设，出现在预设管理中，则应该打开一幅具有所需的笔尖形状的图像，通过自定义设置画笔笔尖形状。自定义画笔方法如下：

　　1. 打开一幅图像文件，如图 4 – 16 所示，选取工具箱中的快速选择工具，设置好半径，用快速选择工具创建如图 4 –17 所示的选区。

　　2. 选择菜单"编辑｜定义画笔预设"命令，打开画笔名称对话框，如图 4 –18所示。

　　3. 输入新的画笔名称，默认的画笔名称为：样本画笔 1，然后单击确定，自定义的画笔出现在画笔面板的预设管理器的尾部。

图 4 –16　花

图 4 –17　创建选区

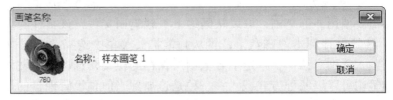

图 4 –18　创建自定义画笔对话框

选择新创建的画笔，图 4–19 所示的直径为 780 像素，这个直径是取样定义时选区范围的外接圆的直径，在修改以后可以单击"恢复到取样大小"按钮恢复到默认设置。而有关硬度的文本框和滑块是灰色的，这表示硬度参数当前状态不可用。因为当前选择的画笔笔尖形状不规则，在一些角度非常小的区域是无法设置羽化效果的。画笔是采用前景色来应用颜色到画笔笔尖拖按区域范围，因此，用户在自定义画笔的时候，将选区的轮廓定义为画笔笔尖的形状，获取的是选区内部的灰度值，而颜色值是在文档窗口中运用画笔时由前景色指定的，因此，使用画笔工具绘制时应将图像背景色设置为白色，这样绘制的线条更为明亮，在黑色背景的图像上绘制线条显得灰暗，如图 4–20 所示。

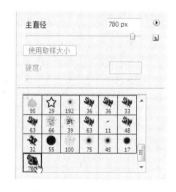

图 4–19　自定义画笔

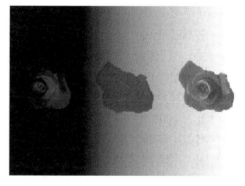

图 4–20　在不同颜色的背景绘画

如果需要将画笔笔尖形状充满稍许透明的前景色应用到图像上，可以设置选项栏中的不透明度参数。该项设置决定画笔将应用到图像当前像素的前景色透明度，所谓当前像素指的是鼠标拖按，即画笔涂抹位置处的像素。如果不透明度参数设置为 100%，则表示完全不透明，在图像上可以看到最清楚的画笔所应用的前景色。如果不透明参数设置为1%，则表明完全透明，在图像上则看不到画笔所应用的前景色。如果不透明参数设置为 1% ~ 100%，则表示部分透明。如图 4–21、4–22、4–23 所示。

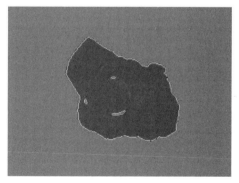

图 4–21　不透明度为 100%

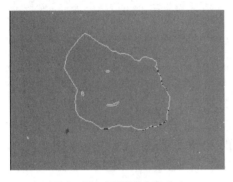 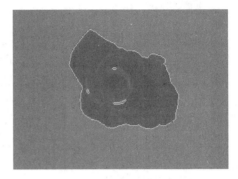

图4-22 不透明度为1%   图4-23 不透明度为50%

    当指针移动到某个区域上方时，流量设置将会影响画笔应用前景色的速率。在拖按画笔至图像的某个区域上方时，如果一直按住鼠标左键，颜色量将根据流动速率不断增大，直至达到不透明度设置的数额。如果将前景色的颜色量用100%表示，不透明度和流量都设置为50%，那么每次拖按画笔到图像某个区域上方时，画笔将前景色应用到当前像素的量会逐渐接近50%并且总量不会超过50%，除非释放鼠标按钮并再次在该区域上方拖按鼠标绘画，将不透明度和流量都设置为100%，选择前文所创建的自定义画笔，输入合适的画笔笔尖直径，然后在图像中单击鼠标，在图像中会出现一个画笔笔尖形状的较为明显的前景色，如图4-24所示。将不透明度设置为100%，将流量设置为50%，然后在图像中单击鼠标，在图像中会出现一个画笔笔尖形状的不太明显的前景色，如图4-25所示。

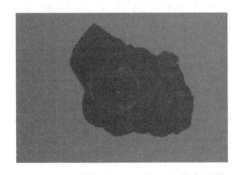 

图4-24 流量为100%的一个笔尖形状   图4-25 流量为50%的一个笔尖形状

    如果拖按画笔，画笔将在图像上形成多个笔尖形状，在默认设置下，这些笔尖形状相互有重叠，因此看到的是边缘不太光滑的线条。如图4-26、4-27所示。

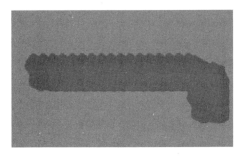 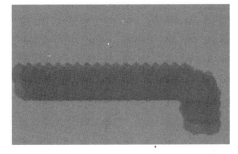

图 4 –26　流量为 100% 的多个笔尖形状　　图 4 –27　流量为 50% 的多个笔尖形状

如果需要将画笔绘制的线条的饱满厚重程度赋予鼠标指针的停留时间，可以设置选项栏中的喷枪参数，使用喷枪模拟绘画。将指针移动到某个区域上方时，如果按住鼠标按钮，颜料量将会增加。画笔硬度、不透明度和流量选项可以控制应用颜料的速度和数量。单击此按钮可打开或关闭此选项。

※ 4.1.3 混合模式

画笔工具选项栏的模式设置将决定绘画画笔的颜色与下面的现有像素颜色混合的方法，影响画笔运用前景色在下面的像素上的着色效果。混合模式涉及三种颜色，即基色、混合色和结果色。基色是图像中的原稿颜色。混合色是画笔着色所使用的前景色。结果色是在一定的混合模式设置下，基色和混合色以一定方式混合后得到的颜色，也就是用户眼睛所观察到的颜色。混合模式包括正常、溶解、变暗、正片叠底、变亮、线性减淡、差值、色相、饱和度、颜色、亮度、浅色和深色混合模式。根据当前选定绘画和编辑工具的不同，可用模式将有所变化。

下面以小猫的脸部为原图，将画笔设置成柔角 90 的笔尖，硬度为 0%，直径为 90 像素，前景色用 HSB 颜色值表示为色相 41 度，饱和度 76%，亮度 88%。在不同的混合模式下，观察用画笔在小猫的面部应用前景色的绘画效果。

在正常模式下，画笔应用前景色绘制每个像素时，取前景色为结果色，这是默认模式。在处理位图图像或索引颜色图像时，正常模式也称为阈值。分别使用 100% 的不透明度和 50% 的不透明度的画笔涂抹小猫面部，对比图 4 –29 和图 4 –30。

图 4 –28　原图

图 4 - 29 正常，100% 不透明度

图 4 - 30 正常，50% 不透明度

溶解模式编辑或绘制每个像素，使其成为结果色。但是，根据任何位置像素的不透明度，结果色由基色或混合色的像素随机替换。如图 4 - 31 所示。

图 4 - 31 溶解，50% 不透明度

图 4 - 32 背后

背后模式仅在图层的透明部分编辑或绘画。此模式仅在取消选择了"锁定透明区域"的图层中使用，类似于在透明纸的透明区域背面绘画。如图 4 - 32 所示。

清除模式编辑或绘制每个像素，使其透明。此模式可用于形状工具（当选定填充区域时）、油漆桶工具、画笔工具、铅笔工具、"填充"命令和"描边"命令。用户必须在取消选择了"锁定透明区域"的图层中才能使用此模式。如图 4 - 33 所示。

图 4 -33　清除

图 4 -34　变暗

变暗模式查看每个通道中的颜色信息，并选择基色或混合色中较暗的颜色作为结果色，在基色中，将替换比混合色亮的像素，而比混合色暗的像素保持不变。如图 4 - 34 所示。

正片叠底模式查看每个通道中的颜色信息，并将基色与混合色进行正片叠底。结果色总是较暗的颜色。任何颜色与黑色正片叠底均产生黑色，任何颜色与白色正片叠底均保持不变。当用户用黑色或白色以外的颜色绘画时，绘画工具绘制的连续描边产生逐渐变暗的颜色，这与使用多个标记笔在图像上绘图的效果相似。如图 4 - 35 所示。

图 4 -35　正片叠底

图 4 -36　颜色加深

颜色加深模式查看每个通道中的颜色信息，并通过增加对比度使基色变暗以反映混合色。与白色混合后不产生变化。如图 4 - 36 所示。

线性加深模式查看每个通道中的颜色信息，并通过减小亮度使基色变暗以反映混合色。与白色混合后不产生变化。如图 4 – 37 所示。

图 4 – 37　线性加深

图 4 – 38　变亮

变亮模式查看每个通道中的颜色信息，并选择基色或混合色中较亮的颜色作为结果色。在基色中，比混合色暗的像素被替换，比混合色亮的像素保持不变。如图 4 – 38 所示。

滤色模式查看每个通道的颜色信息，并将混合色的互补色与基色进行正片叠底。结果色总是较亮的颜色。用黑色过滤时颜色保持不变，用白色过滤将产生白色。此效果类似于多个摄影幻灯片在彼此之上投影。如图 4 – 39 所示。

图 4 – 39　滤色

图 4 – 40　颜色减淡

颜色减淡模式查看每个通道中的颜色信息，并通过减小对比度使基色变亮以反映混合色。与黑色混合则不发生变化。如图 4 – 40 所示。

　　线性减淡（添加）模式查看每个通道中的颜色信息，并通过增加亮度使基色变亮以反映混合色。与黑色混合则不发生变化。如图 4 - 41 所示。

图 4 - 41　线性减淡

图 4 - 42　叠加

　　叠加模式对颜色进行正片叠底或过滤，具体取决于基色。图案或颜色在现有像素上叠加，同时保留基色的明暗对比。不替换基色，但基色与混合色相混以反映基色的亮度或暗度。如图 4 - 42 所示。

　　柔光模式使颜色变暗或变亮，具体取决于混合色。此效果与发散的聚光灯照在图像上相似。如果混合色（光源）比 50% 灰色亮，则图像变亮，就像被减淡了一样。如果混合色（光源）比 50% 灰色暗，则图像变暗，就像被加深了一样。使用纯黑或纯白色绘画会产生明显变暗或变亮的区域，但不会出现纯黑或纯白色。如图 4 - 43 所示。

图 4 - 43　柔光

图 4 - 44　强光

　　强光模式对颜色进行正片叠底或过滤，具体取决于混合色。此效果与耀眼的聚光灯照在图像上相似。如果混合色（光源）比 50% 灰色亮，则图像变亮，就像过滤后的效果，这对于向图像添加高光非常有用。如果混合色（光源）比 50% 灰色暗，则图像变暗，就像正片叠底后的效果，这对于向图像添加阴影非常有用。使用纯黑或纯白色绘画会出现纯黑或纯白色。如图 4 – 44 所示。

亮光模式通过增加或减小对比度来加深或减淡颜色，具体取决于混合色。如果混合色（光源）比 50% 灰色亮，则通过减小对比度使图像变亮。如果混合色比 50% 灰色暗，则通过增加对比度使图像变暗。如图 4 – 45 所示。

图 4 –45　亮光

图 4 –46　线性光

线性光模式通过减小或增加亮度来加深或减淡颜色，具体取决于混合色。如果混合色（光源）比 50% 灰色亮，则通过增加亮度使图像变亮。如果混合色比 50% 灰色暗，则通过减小亮度使图像变暗。如图 4 – 46 所示。

点光模式根据混合色替换颜色。如果混合色（光源）比 50% 灰色亮，在基色中，则替换比混合色暗的像素，而不改变比混合色亮的像素。如果混合色比 50% 灰色暗，在基色中，则替换比混合色亮的像素，而比混合色暗的像素保持不变，这对于向图像添加特殊效果非常有用。如图 4 – 47 所示。

图 4 –47　点光

图 4 –48　实色混合

　　实色混合模式将混合色的红色、绿色和蓝色通道值添加到基色的 RGB 值。如果通道的结果总和大于或等于 255，则值为 255；如果小于 255，则值为 0。因此，所有混合像素的红色、绿色和蓝色通道值要么是 0，要么是 255。这会将所有像素更改为原色，即红色、绿色、蓝色、青色、黄色、洋红、白色或黑色。如图 4 - 48 所示。

　　差值模式查看每个通道中的颜色信息，并从基色中减去混合色，或从混合色中减去基色，具体取决于哪一个颜色的亮度值更大。与白色混合将反转基色值，与黑色混合则不产生变化。如图 4 - 49 所示。

图 4 - 49　差值

图 4 - 50　排除

　　排除模式创建一种与"差值"模式相似但对比度更低的效果。与白色混合将反转基色值，与黑色混合则不发生变化。如图 4 - 50 所示。

　　色相模式用基色的明亮度和饱和度以及混合色的色相创建结果色。如图 4 - 51 所示。

图 4 - 51　色相

图 4 - 52　饱和度

　　饱和度模式用基色的明亮度和色相以及混合色的饱和度创建结果色。在无（0）饱和度（灰色）的区域上使用此模式绘画不会发生任何变化。如图 4 – 52 所示。

　　颜色模式用基色的明亮度以及混合色的色相和饱和度创建结果色。这样可以保留图像中的灰阶，并且对于给单色图像上色和给彩色图像着色都会非常有用。如图 4 – 53 所示。

图 4 – 53　颜色

图 4 – 54　明度

　　明度模式用基色的色相和饱和度以及混合色的明亮度创建结果色。此模式创建与"颜色"模式相反的效果。如图 4 – 54 所示。

　　浅色模式比较混合色和基色的所有通道值的总和并显示值较大的颜色。"浅色"不会生成第三种颜色（可以通过"变亮"混合获得），因为它将从基色和混合色中选择最大的通道值来创建结果颜色。如图 4 – 55 所示。

图 4 – 55　浅色

图 4 – 56　深色

　　深色模式比较混合色和基色的所有通道值的总和并显示值较小的颜色。"深色"不会生成第三种颜色（可以通过"变暗"混合获得），因为它将从基色和混合色中选择最小的通道值来创建结果颜色。如图 4 – 56 所示。

※ 4.1.4 画笔调板

如前文所述，可以从预设管理器中选择画笔笔尖或者从图像的一部分创建画笔笔尖，单击鼠标可以在图像上形成一个画笔笔尖形状或者笔触点，拖按鼠标形成多个笔触点或者线条。Photoshop 通过画笔调板可以创建各种方式的画笔笔尖形状和应用颜色，不但可以将前景色应用到画笔笔尖形状中，而且可以使用围绕前景色变化的动态颜色，还可以指定在拖按鼠标时形成的多个画笔笔尖形状动态地变化。

如果需要指定画笔笔尖形状变化和应用颜色的方式，应该选择菜单"窗口 | 画笔"命令，或者单击画笔工具选项栏右侧的调板按钮，打开画笔调板，如图 4 – 57 所示。该窗口包括三部分：左侧部分是一系列关于画笔笔尖设置的选项组；右侧部分在单击左侧某个选项组以后显示该组所有的选项设置，如果需要取消某一选项组，或者选择该选项组的当前默认设置，只要单击该选项组左侧的复选框，可在不切换到该选项组面板的情况下启用或停用这些选项，在画笔调板底部的预览窗口可显示使用当前选项设置的画笔绘画时在图像上产生的外观。

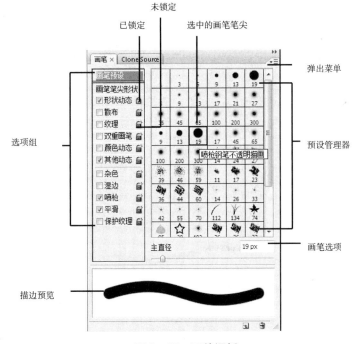

图 4 –57　画笔调板

可以在画笔预设管理器中选择一种画笔笔尖、修改当前画笔笔尖和保存当前画笔笔尖等。同样地，也可以在画笔调板中选择画笔、修改画笔和保存画笔，并可以设置具备颜色和形状变化的画笔。

设置画笔方法如下：①单击画笔选项栏中的画笔调板按钮，打开"画笔"调板。②从预设管理器中选取一个较为适合的画笔笔尖，或者按照选定的形状创建一个新的画笔笔尖。③在"画笔"调板的左侧选择"画笔笔尖形状"，设置笔尖形状。④根据需要设置画笔形状动态、散布、纹理、双重画笔、颜色动态、其他动态和其他画笔选项。⑤如果要将画笔保存到预设管理器中，选择"画笔"调板弹出菜单，单击"新建画笔预设"命令，输入新的画笔笔尖名称。通过预设管理器保存的画笔存储在首选项文件中，当该文件损坏或者画笔复位，新保存的画笔就会丢失。如果要长久地保存或者分享给另外一台计算机用户，应该选择"画笔"调板菜单中的"存储画笔"命令，将所有的预设管理器中的笔尖保存到库文件。

下面详细说明画笔调板各选项组的选项设置和作用。画笔笔尖形状选项组可以设置画笔笔尖直径、翻转、角度、圆度、硬度和间距，如图 4 - 58 所示，用以控制笔尖形状特性。

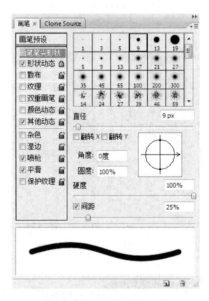

图 4 -58　画笔笔尖形状

1. 直径。用以控制画笔大小，在其后文本框输入以像素为单位的数值，或者拖动下方的滑块。若从预设管理器中选择的画笔是通过图像中的选区自定义创建的，可以使用取样大小将画笔复位到它的初始直径。如图 4－59、4－60 所示。

图 4－59　直径为 9 像素的画笔描边　　　图 4－60　直径为 19 像素的画笔描边

2. 翻转。选择翻转 X 将原始笔尖形状沿着 Y 轴对称翻转，选择翻转 Y 将原始笔尖形状沿着 X 轴对称翻转，如图 4－61、4－62、4－63、4－64 所示。

图 4－61　原始画笔笔尖　　　　　　　图 4－62　翻转 X

图 4－63　翻转 Y　　　　　　　　　图 4－64　翻转 XY

3. 角度。用来指定笔尖形状外接椭圆的长轴逆时针旋转的角度，在角度文本框中输入度数，或者在后面预览框中拖动坐标轴，如图 4－65、4－66、4－67、4－68 所示。注意角度为 180 度的效果与翻转 XY 相同。

图 4-65　原图笔尖长轴

图 4-66　角度 45 度

图 4-67　角度 90 度

图 4-68　角度 180 度

4. 圆度。用来指定画笔笔尖外接椭圆的短轴与长轴的比值。在圆度文本框中输入百分比数值，或者在预览框中拖动焦点。如果输入 100% 则表示保持原来笔尖形状长宽比不变，如果输入 0% 则表示短轴最小值的线性画笔，介于两者之间的值表示将压缩笔尖形状的垂直方向长度，如图 4-69、4-70 所示。

图 4-69　圆度为 50%

图 4-70　圆度为 0%

5. 硬度。用来指定笔尖形状边缘的柔化程度，在文本框中输入数值或者拖动滑块，此项设置只能用于系统提供的且具有平滑边缘的画笔，不能用于从图像中自定义的画笔。如图 4-71、4-72 所示。

图 4 –71　硬度为 100%

图 4 –72　硬度为 10%

6. 间距。用于指定当拖按画笔笔尖形成笔触时两个画笔笔迹之间的距离。如果要调整间距，选择间距前复选框，然后在文本框中输入百分比数值，或者拖动下方滑块，效果如图 4 –73、4 –74 所示。如果通过指针移动的速度确定间距，则应取消间距前的复选框。

图 4 –73　间距为 80%

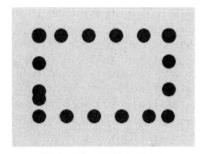

图 4 –74　间距为 200%

形状动态将变化的因素加入到画笔笔尖中，这些因素将决定在拖按画笔时形成变化的笔迹，如图 4 –75 所示。可以将这些动态变化因素分成抖动和控制两类。抖动包括大小抖动、角度抖动和圆度抖动。"控制"弹出式菜单中的选项指定如何控制动态元素的变化，包括关、渐隐、钢笔压力、钢笔斜度和光笔轮。

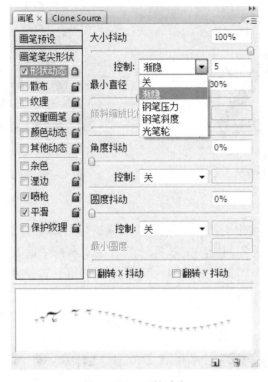

图 4 –75　形状动态

　　1. 大小抖动。在文本框中输入百分比数值，或者拖动下方滑块。抖动百分比反映笔尖形状大小变化的随机性。例如，大小抖动为 0% 表明笔尖大小在拖按画笔描边过程中保持不变，大小抖动 100% 则表明笔尖大小在拖按画笔描边过程中具有最大数量随机性的变化。

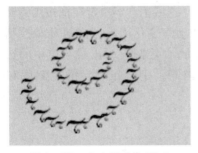

图 4 –76　大小抖动为 50%

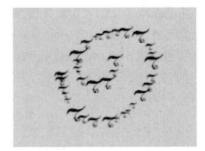

图 4 –77　大小抖动为 100%

　　2. 角度抖动。在文本框中输入百分比数值，或者拖动下方滑块。抖动的百分比反映了画笔描边中笔迹角度的变化的随机性。例如，角度抖动为 0% 表明笔迹角度在拖按画笔描边过程中保持不变，角度抖动 100% 则表明笔迹角度在拖按画笔描边过程中具有最大数量的随机性。

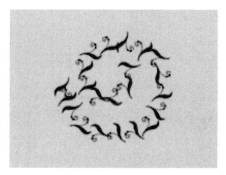
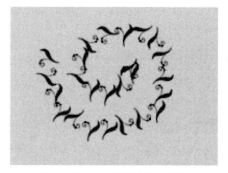

图 4 -78 角度抖动为 50%   图 4 -79 角度抖动为 100%

3. 圆度抖动。在文本框中输入百分比数值，或者拖动下方滑块。抖动的百分比反映了画笔描边中笔尖圆度的变化的随机性。例如，圆度抖动为 0% 表明笔迹圆度在拖按画笔描边过程中保持不变，圆度抖动 100% 则表明笔迹圆度在拖按画笔描边过程中具有最大数量的随机性。

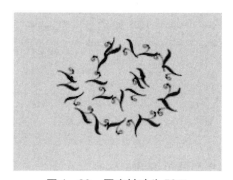
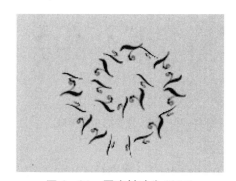

图 4 -80 圆度抖动为 50%   图 4 -81 圆度抖动为 100%

4. 关。指定在拖按画笔形成笔迹时动态因素持续影响笔触，如果选择该选项则表明不控制画笔笔迹的变化。

5. 渐隐。指定动态因素经过输入的步长数量笔迹后到达最小值，画笔笔迹便不再变化，即在 100% 和最小值之间渐隐动态因素。每个步长等于画笔笔尖的一个笔迹。输入的步长值介于 1～9999。如果需要指定画笔笔迹的渐隐，单击"控制"弹出式菜单，选取渐隐。在图 4－82 中步长为 5，意思是经过 5 个笔迹后，画笔笔尖直径达到初始值的 6%，便不再变化。在图 4－83 中，直径达到最小值 3%。在图 4－84 中，经过 5 个笔迹后，笔迹的角度亦不再变化。在图 4－85 中，经过 5 个笔迹后，笔迹的圆度为原来的一半，便不再变化。

图 4－82　最小直径为 6% 的大小渐隐

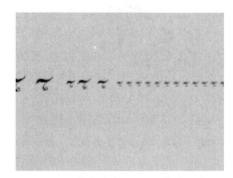

图 4－83　最小直径为 30% 的大小渐隐

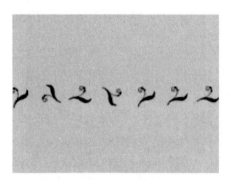

图 4－84　步长为 5 的角度渐隐

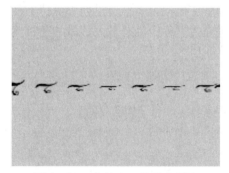

图 4－85　步长为 5 的圆度渐隐

　　6. 钢笔压力、钢笔斜度、光笔轮。依据它们的位置和旋转决定在动态元素的初始值和最小值之间改变画笔笔迹。只有在使用压力传感式数字化绘图板和受支持的钢笔时，才能使用钢笔控制。

　　散布选项组允许画笔笔迹并不严格地排列在鼠标指针轨迹上，可以控制笔迹沿着拖按鼠标的轨迹两侧以一定的数目和位置散开，呈现漫天星星的效果。打开画笔调板，选择左侧散布选项组，如图 4－86 所示。

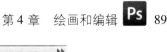

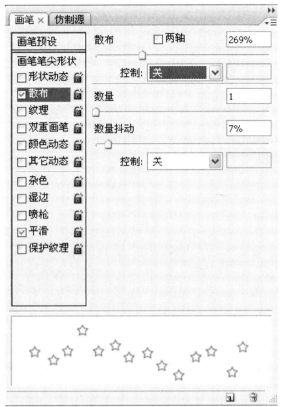

图 4 - 86　散布画笔

　　1. 散布。用来控制画笔笔迹随着鼠标指针轨迹向两侧散布的距离和方式。在文本框中输入百分比数值，或者拖动下方滑块，数值越大，意味着分布的笔尖距离鼠标指针轨迹越远。在图 4 - 87 中，没有设置散布的 9 个笔迹呈一字排列。在图 4 - 88 中，设置散布为 200% 的描边有 3 个笔迹偏离了鼠标指针方向。在图 4 - 89 中，散布值为 500%，则有 6 个笔迹偏离了方向。当选择 "两轴" 时，画笔笔迹呈现一定的集中分布，在图 4 - 90 中，分别有 2 个和 3 个笔迹呈现集中分布。当取消选择 "两轴" 时，画笔笔迹投影到描边路径，呈现平均分布。在下面 4 个图中，其中第一个图笔迹数量为 9，后面 3 幅图笔迹数量为 10，这是因为选择散布以后，默认的选项会增加一个笔迹。如果需要指定笔迹按照描边路径分布，应根据分布的范围，输入合适的百分比。

图 4-87　无散布的笔迹

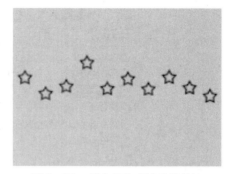

图 4-88　散布值为 200% 的笔迹

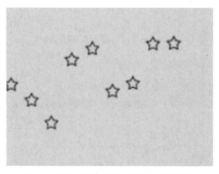

图 4-89　散布值为 500% 的笔迹

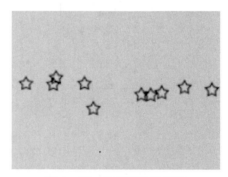

图 4-90　选择两轴的散布

2. 控制。用来控制散布对画笔描边影响的步长和方式。单击控制弹出式菜单，选择一个选项。选择"关"表明控制选项不会产生对笔迹的影响。选择"渐隐"则表明画笔描边在步长范围内的笔迹受散布因素影响，在指定数量的步长之后的笔迹不受散布因素影响，也就是经过设置的步长之后，将画笔笔迹从开始有散布逐渐到无散布。图 4-91 是步长为 5 的散布，经过 5 个笔迹之后，散布因素不再控制笔迹向两侧偏移，笔迹沿着鼠标指针拖按方向。图 4-92 是步长为 10 的散布，经过 10 个笔迹后画笔描边呈现直线。选择其他选项则根据绘图工具的位置和旋转来决定散布的笔迹和方式。

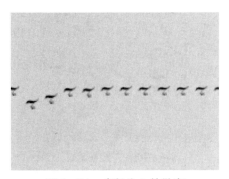

图 4 – 91 步长为 5 的散布

图 4 – 92 步长为 10 的散布

3. 数量。用来控制在正常笔迹之外散布的笔尖的数量，在数量文本框中输入数值，或者拖动下方的滑块。如果增加此数值，则在画笔描边的路径上的相等距离间隔之间应用的笔迹数量也增加，这将导致描边线条粗犷。如图所示，在图 4 – 93 中，在第三个笔迹处的纵向上有两个笔尖，而在图 4 – 94 中，在第二个笔迹处有 5 个笔尖。

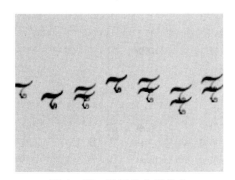

图 4 – 93 数量为 2 的散布

图 4 – 94 数量为 5 的散布

4. 数量抖动和控制。用来控制在笔迹的不同间距上散布的笔尖数量的变化和方式。在数量抖动文本框中输入百分比数值，或者拖动下方滑块。如果需要控制散布数量的变化方式，单击控制弹出式菜单选择一个选项。选择"关"表明散布的笔尖数量不受此设置影响，选择"渐隐"表明按照指定的步长将散布的笔尖数量从设置的数量值降低到 1。如图所示，在图 4 – 95 中，散布数量为 3，数量抖动为 50%，数量抖动控制为关。在图 4 – 96 中，散布数量为 3，数量抖动为 50%，而数量抖动控制为渐隐，步长是 5。选择其他选项则表明根据绘图工具的位置和旋转情况来确定散布笔尖的数量。

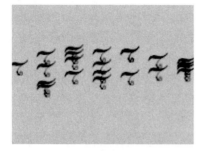

图 4 –95　数量抖动为 50%

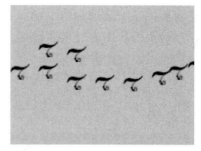

图 4 –96　步长为 5

　　纹理选项组控制画笔描边在画布上产生高低不平凹凸有致的线条，选择一种纹理图案使画笔应用在像素上呈现出像是在布料上绘制的花纹一样的效果。在画笔调板左侧的选项组中选择纹理，如图 4 –97 所示，选项包括图案、缩放、模式、深度、最小深度、深度抖动和控制。

图 4 –97　纹理画笔

1. 图案。用来提供纹理花纹类型，单击图案样本打开图案调板，从中选择一种图案，如果弹出式调板没有需要的图案，可继续打开扩展菜单，选择载入图案。在绘画时，图案纹理中最亮的区域反映到画笔笔尖的相应区域接受最多的油彩（即前景色），因此该区域成为高光部分。相反，图案纹理中最暗的区域反映到画笔笔尖的相应区域接受最少的油彩（即前景色），因此该区域成为阴影部分。位于图案纹理选项右侧的反相复选框用来控制图案的高光部分和阴影部分的反转，如果选择反相复选框，图案纹理中的高光部分和阴影部分互换，意思是变换纹理中的亮点和暗点。当画笔描边使用图案纹理中的最亮区域时，反映在画笔笔尖上是暗点，因此接受最少的油彩。当画笔描边使用图案纹理中的最暗区域时，反映在画笔笔尖上是亮点，因此接受最多的油彩。通常情况下，图案纹理提供给画笔的是颜色的亮度分布，也就是灰阶。当取消反相时，按照图案纹理的灰阶分布，画笔描边将前景色的亮度调整后再应用到像素上。当选择反相时，按照图案纹理的反相灰阶分布，画笔描边将前景色的亮度调整后再应用到像素上。如图 4 - 98、4 - 99 所示。

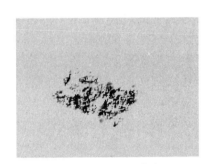

图 4 - 98　无反相的纹理　　　　　图 4 - 99　有反相的纹理

2. 缩放。用来指定选取的纹理图案应用到画笔笔尖的缩放比例。在文本框中输入百分比数值，或者拖动下方滑块。如图 4 - 100、4 - 101 所示。

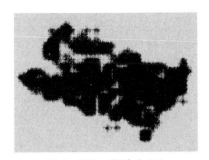

图 4 - 100　缩放为 1%　　　　　图 4 - 101　缩放为 200%

3. 为每个笔尖设置纹理。这个复选框用于设置为每个笔尖提供纹理,画笔描边由拖动画笔时连续应用的许多画笔笔尖构成,如果选择该选项,则每一个笔尖就呈现出所设置的纹理图案的色阶分布。如果取消此选项,只有整个画笔描边才呈现出纹理图案的色阶分布。而且只有选择此选项,后面的有关深度变化的选项才更改为可用状态,否则是灰色不可用状态。

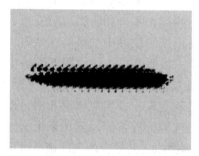

图 4 – 102　**取消每个笔尖设置纹理**

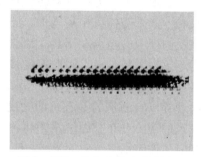

图 4 – 103　**为每个笔尖设置纹理**

4. 模式。此选项与画笔工具选项栏中的混合模式含义相同,用于控制画笔笔尖与纹理图案的混合模式。所不同的是,可用模式数量要少于画笔工具选项栏所提供的模式数量,包括正片叠底、减去、变暗、叠加、颜色减淡、颜色加深、线性加深和实色混合等。如图 4 – 104、4 – 105 所示,图 4 – 104 是画笔和纹理图案采用正片叠底混合模式,结果色较暗。而图 4 – 105 是采用颜色加深混合模式,结果色较暗,对比度增强。

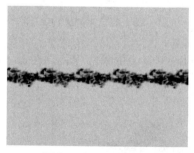

图 4 – 104　**正片叠底**

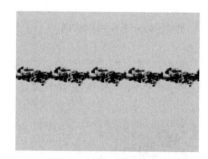

图 4 – 105　**颜色加深**

5. 深度。用来设定色彩渗入图案纹理中的深度。在深度文本框中输入百分比数值,或者拖动下方滑块。如果深度为 100%,则表明代表实际绘画环境中的画布上低点的纹理暗点由于位置较深将接受不到任何色彩。如果深度为 0%,则意味着代表实际绘画环境中的画布所有点由于位置持平将接受相同数量的色彩,因此，图案纹理的高低有致的区别在画笔描边中被排除，从而隐藏了图案。输入介于 0%～100% 之间的数值，则表明高光点部分吸收色彩，暗点部分将不吸收色彩。如图 4 – 106、4 – 107 所示。

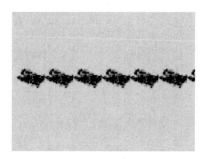

图 4 – 106　深度为 0%

图 4 – 107　深度为 100%

　　6. 最小深度、深度抖动和控制。这三个选项用来指定画笔描边时将色彩渗入到纹理中的深度的变化和方式。当选中"为每个笔尖设置纹理"选项时，每个笔尖对色彩的吸收深度的改变方式将影响到画笔描边效果。最小深度控制画笔笔尖吸收色彩的最小数量，如果是 0%，则表明不接受任何色彩。深度抖动控制由多个连续笔尖构成的画笔描边吸收色彩深度的变化，如果输入值是 0%，表明画笔描边吸收色彩的深度不发生变化，如果输入值是 100%，则表明画笔描边吸收色彩发生最大幅度的变化。控制指定画笔描边吸收色彩深度变化的控制方式，单击"控制"弹出式菜单，选择其中之一选项。"关"选项意思是关闭画笔描边笔迹吸收色彩深度的变化，"渐隐"选项意思是按照设置的步长将"深度"中的百分比渐渐变化到"最小深度"中的百分比，钢笔压力、钢笔斜度、光笔轮、旋转等选项根据该绘图工具的位置情况来确定控制深度变化的方式。图 4 – 108 是深度为 100%，最小深度为 0%，深度抖动为 50%，而渐隐步长为 5。图 4 – 109 是深度为 0%，最小深度为 100%，深度抖动为 50%，而渐隐步长为 5。

图 4 – 108　最小深度为 0%

图 4 – 109　最小深度为 100%

如果需要运用两个笔尖的综合来创建画笔描边笔迹，应该选择双重画笔选项组，如图4-110所示。双重画笔包括主画笔和次画笔，应用双重画笔描边意味着将主画笔的笔尖范围作为背景并在此背景下绘制次画笔笔尖，即仅绘制在一定混合模式下能够反映两个画笔笔尖的共同区域。如果需要指定主画笔笔尖形状，应该在画笔调板中的画笔笔尖形状选项卡中设置。例如，在画笔笔尖形状选项组面板的画笔预设管理器中选择枫叶笔尖，使用默认设置，应用该画笔描边在图像中产生的笔迹如图4-111所示。如果需要指定次画笔笔尖形状，应该在画笔调板中的双重画笔选项卡中设置。例如，在双重画笔选项组面板的画笔预设管理器中选择五角星笔尖，使用默认设置，应用该画

图4-110　双重画笔选项组

笔描边在图像中产生的笔迹如图4-113所示。而图4-112是单独应用五角星笔尖描边的效果。

图4-111　主画笔笔尖　　图4-112　单独应用五角星笔尖　　图4-113　双重画笔

在应用双重画笔产生更多效果时，需要在画笔调板的双重画笔选项组中设置相关选项，包括模式、直径、间距、散布和数量，对这些参数的说明如下：

1. 模式。用来选择主画笔笔尖和次画笔笔尖形成双重画笔笔尖时所使用的混合模式，可用模式有正片叠底、变暗、叠加、颜色减淡、颜色加深、线性加深和实色混合等，默认的混合模式为正片叠底，默认的前景色为黑色，背景色为白色。如图4-114、4-115所示。

图 4 –114　变暗模式

图 4 –115　叠加模式

2. 直径。用来确定次画笔的笔尖大小。在直径文本框中输入以像素为单位的数值，或者拖动下方的滑块。如果从预设管理器中选定的次画笔是通过图像选区自定义的画笔，则可以单击"使用取样大小"按钮，将次画笔直径还原至定义时的大小。在图 4 –116 中，主画笔直径为 75 像素，次画笔直径为 29 像素，左侧为单独主画笔笔尖，中间为单独次画笔笔尖，右侧为双重画笔笔尖，而在图 4 –117 中，将次画笔直径更改为 88 像素。对比两图，可以知道次画笔直径对双重画笔笔迹的影响。

图 4 –116　直径为 29

图 4 –117　直径为 88

3. 间距。用来指定构成双重画笔描边的笔迹之间的距离，在间距文本框中输入百分比数值，或者拖动下方滑块。在图 4 –118 中，双重画笔间距为 25%，而在图 4 –119 中，间距为 150%，其他参数为默认设置。

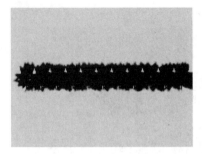 

图 4-118　间距为 25%　　　　　　　　图 4-119　间距为 150%

4. 散布。用来控制双重画笔描边的笔迹沿着鼠标指针移动轨迹两侧的分布方式。在散布文本框中输入百分比数值，或者拖动下方滑块。在图 4-120 中，散布值为 100%，而在图 4-121 中，散布值为 800%。对比两图，可以知道，随着散布值的增大，画笔描边笔迹逐渐偏离鼠标指针移动的轨迹。

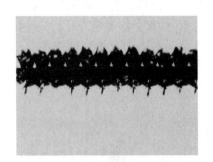 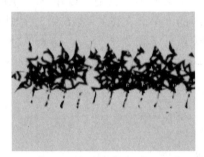

图 4-120　散布值为 100%　　　　　　图 4-121　散布值为 800%

5. 数量。用来控制在拖按鼠标指针时轨迹上的每个间距间隔内应用画笔笔尖的数量。在数量文本框中输入数值，或者拖动下方滑块。在图 4-122 中，数量为 2，而在图 4-123 中，数量为 10。对比两图，数量为 10 的双重画笔描边显然比数量为 2 的双重画笔的笔迹更为密集。

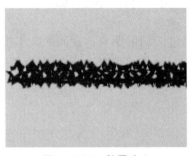 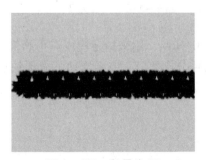

图 4-122　数量为 2　　　　　　　　　图 4-123　数量为 10

一般情况下，画笔描边应用前景色到一些像素上，如果需要创建色彩丰富的画笔描边，可以通过动态颜色选项组指定颜色变化的方式，如图 4 – 124 所示。在图 4 – 125 中没有运用颜色动态，而在图 4 – 126 中，则运用了的颜色动态。对比两图，运用了颜色动态的画笔描边的每个笔迹的颜色变化呈现出一定方式。如果需要控制动态颜色的变化方式，可以指定前景/背景抖动和控制、色相抖动、饱和度抖动、亮度抖动、纯度等参数。以下说明这些选项参数的作用和用法。

图 4 – 124　颜色动态调板

图 4 – 125　无颜色动态的画笔描边

图 4 – 126　有颜色动态的画笔描边

1. 前景/背景抖动和控制。用来指定前景色到背景色的色彩变化方式，当构成画笔描边的笔尖应用颜色时，依照此设置的色彩变化方式来确定画笔笔尖所要应用的颜色。在前景/背景抖动文本框中输入百分比数值，或者拖动下方滑块，此数值越大意味着抖动的幅度也越大。如果需要调整颜色变化的控制方式，单击控制弹出式菜单，选择其中的一种控制方式。"关"选项表明颜色的变化的不接受此选项控制，仅仅由前景/背景抖动数值控制。"渐隐"选项表明在指定的数量步长间隔内，根据抖动百分比，将前景色变化到背景色，并在此之后的笔尖中隐去控制选项对颜色变化的影响。"钢笔压力"、"钢笔斜度"、"光笔轮"、"旋转"依据绘画工具的位置情况决定前景色和背景色之间的变化方式。在图 4 – 127 中，前景色为绿色，背景色为蓝色，前景/背景抖动为 50%，而在图 4 – 128 中，抖动为 100%。对比两图，可以知道，增加抖动百分比，颜色变化更为丰富。在图 4 – 129 中，渐隐步长为 1，而在图 4 – 130 中，步长则为 5。对比两图，可以知道，步长越大，颜色变化越丰富越平缓。

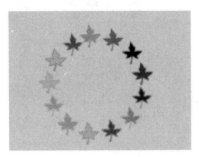

图 4 - 127   前景/背景抖动为 50%

图 4 - 128   前景/背景抖动为 100%

图 4 - 129   渐隐步长为 1

图 4 - 130   渐隐步长为 5

2. 色相抖动。用来控制画笔描边时笔尖应用的颜色的色相与前景色的色相之间的变化。在色相抖动文本框中输入百分比数值，或者拖动下方滑块。如果输入的数值为 0%，则表明构成画笔描边的所有笔尖都使用与前景色一样的颜色，每个笔尖处的颜色都不存在变化。如果输入的数值为 100%，则表明构成画笔描边的每个笔尖使用与上一个笔尖颜色色相差异最大的颜色。在图 4 - 131 中，色相抖动为 50%，而在图 4 - 132 中，色相抖动为 100%。比较两图，可以知道，较低的值在改变色相应用画笔笔尖着色的同时，能够使画笔描边保持接近前景色的色相，而较高的值则增加画笔描边颜色与前景色的色差。

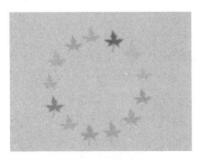

图 4 - 131   色相抖动为 50%

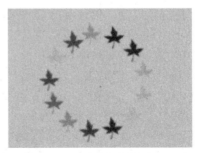

图 4 - 132   色相抖动为 100%

　　3. 饱和度抖动。用来控制画笔描边时笔尖应用的颜色的饱和度与前景色的饱和度之间的变化。在饱和度抖动文本框中输入百分比数值，或者拖动下方滑块。如果输入的数值为 0%，则表明构成画笔描边的所有笔尖都使用与前景色一样的颜色，每个笔尖处的颜色都不存在变化。如果输入的数值为 100%，则表明构成画笔描边的每个笔尖使用与上一个笔尖颜色饱和度差异最大而色相和亮度不变的颜色。在图 4 – 133 中，饱和度抖动为 50%，而在图 4 – 134 中，饱和度抖动为 100%。比较两图可以知道，饱和度抖动改变的是描边笔迹的灰色成分，而色调不变。较低的值在改变饱和度应用画笔笔尖着色的同时，能够使画笔描边保持接近前景色的色相，而较高的值则增加画笔描边颜色的灰色成分。

图 4 – 133　饱和度抖动为 50%

图 4 – 134　饱和度抖动为 100%

　　4. 亮度抖动。用来控制画笔描边时笔尖应用的颜色的亮度与前景色的亮度之间的变化。在亮度抖动文本框中输入百分比数值，或者拖动下方滑块。如果输入的数值为 0%，则表明构成画笔描边的所有笔尖都使用与前景色一样的颜色，每个笔尖处的颜色都不存在变化。如果输入的数值为 100%，则表明构成画笔描边的每个笔尖使用与上一个笔尖颜色亮度差异最大而色相和饱和度不变的颜色。在图 4 – 135 中，亮度抖动为 50%，而在图 4 – 136 中，亮度抖动为 100%。比较两图可以知道，亮度抖动改变的是画笔描边的笔尖的明暗程度，较低的值在改变亮度应用画笔笔尖着色的同时，能够使画笔描边保持接近前景色的亮度，而较高的值则增加画笔描边颜色与前景色的明暗差异。

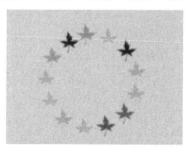

图 4 – 135　亮度抖动为 50%

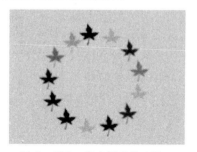

图 4 – 136　亮度抖动为 100%

5. 纯度。用来改变画笔描边应用颜色的饱和度，在纯度文本框中输入百分比数值，或者拖动下方滑块，数值介于 −100% ~ 100%。如果输入的数值是负数，则表明要降低画笔笔尖应用的颜色的饱和度，如果该值为 −100%，意思是完全去色。如果输入的数值是正数，则表明要增加画笔笔尖应用的颜色的饱和度，如果该值是 100%，意思是颜色最为饱和鲜艳。在图 4 – 137 中，纯度为 −100%，画笔描边不包含任何彩色，仅仅是灰色。在图 4 – 138 中，纯度为 100%，画笔描边色彩最为饱满。

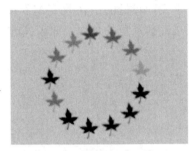

图 4 −137　纯度为 −100%　　　　图 4 −138　纯度为 100%

如果需要控制在模拟毛笔绘画时墨水的量和浓度对画笔描边的影响，应该选择其他动态。在画笔调板中单击其他动态选项组，如图 4 – 139 所示。在图 4 – 140 中，没有运用其他动态，而在图 4 – 141 中，则运用了其他动态，对比两图，可以知道，其他动态对画笔描边的影响在于油墨随着笔尖数量的增加而减少，通过指定其他动态选项控制油彩变化方式。选项包括不透明度抖动和控制、流量抖动和控制。下面说明这些选项的作用和用法。

图 4 −139　其他动态调板

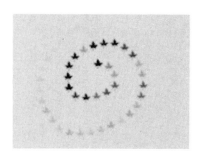

图 4－140　无其他动态的描边　　　　图 4－141　有其他动态的描边

　　1. 不透明度抖动和控制，用来控制构成画笔描边的笔尖吸收墨水的浓度变化及变化方式。在不透明抖动文本框中输入百分比数值，或者拖动下方滑块，能够输入的最高值不超过画笔工具选项栏中指定的不透明度值。如果数值为 0%，则表明在画笔描边的路线上所有笔尖吸收墨水的浓度不变，如果数值为 100%，则表明在画笔描边路线上每个笔尖吸收墨水的浓度与上一个笔尖的浓度变化差异最大。在图 4－142 中，不透明抖动为 50%，而在图 4－143 中，不透明度为 100%，对比两图可以知道，增加不透明抖动数值，画笔描边各笔尖对比度在增加。如果需要调整不透明度的变化方式，打开其他动态选项组中的控制弹出式菜单，选择其中一种选项。"关"选项表明在画笔描边时笔尖接受墨水的浓度不受此选项控制。"渐隐"选项表明按照指定数量的步长将画笔笔尖接受墨水的浓度从画笔工具选项栏设定的不透明度逐渐变化到 0。"钢笔压力"、"钢笔斜度"或"光笔轮"依据绘图工具的位置情况来确定油墨的不透明度的改变方式。在图 4－144 中，步长为 5，画笔描边包含 5 个笔尖，在此之后，不透明度降为 0，而在图 4－145 中，步长为 10，画笔描边包含 10 个笔尖，在此之后，不透明度降为 0。

图 4－142　不透明度抖动为 50%

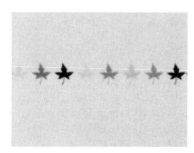

图 4－143　不透明度抖动为 100%

图 4 - 144　渐隐步长为 5

图 4 - 145　渐隐步长为 10

2. 流量抖动和控制，用来控制构成画笔描边的笔尖吸收墨水的流量变化及变化方式。在流量抖动文本框中输入百分比数值，或者拖动下方滑块，能够输入的最高值不超过画笔工具选项栏中指定的流量值。如果数值为 0%，则表明在画笔描边的路线上所有笔尖吸收的墨水量不变，保持与画笔工具选项栏设定的流量值不变。如果数值为 100%，则表明在画笔描边路线上每个笔尖吸收的墨水量与上一个笔尖吸收的墨水量的差异最大。在图 4 - 146 中，流量抖动为 50%，而在图 4 - 147 中，流量抖动为 100%，对比两图，可以知道，增加流量抖动数值，构成画笔描边的各笔尖之间对比度在增加。如果需要调整流量抖动的变化方式，打开其他动态选项组中的控制弹出式菜单，选择其一选项。"关"选项表明在画笔描边时笔尖接受墨水流量不受此选项控制。"渐隐"选项表明按照指定数量的步长将画笔笔尖接受墨水流量从画笔工具选项栏设定的流量值逐渐变化到 0。"钢笔压力"、"钢笔斜度"或"光笔轮"依据绘图工具的位置情况来确定墨水流量的改变方式。在图 4 - 148 中，步长为 8，画笔描边包含 8 个笔尖，在此之后，流量降为 0；而在图 4 - 149 中，步长为 12，画笔描边包含 12 个笔尖，在此之后，流量降为 0。

图 4 - 146　流量抖动为 50%

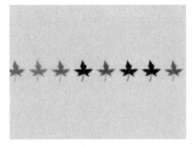

图 4 - 147　流量抖动为 100%

图 4－148　渐隐步长为 8　　　　　　　图 4－149　渐隐步长为 12

　　上文所述的画笔调板左侧是一些选项组，单击某个选项组，在画笔调板右侧显示的是该选项组面板，面板中是该选项组的多个选项参数设置。此外，在画笔调板左侧还包含一些开关选项，这些开关选项没有相关的面板，单击这些开关选项，表明选中该选项，再次单击该选项，则表明取消选择。

　　其他画笔选项有杂色、湿边、喷枪、平滑和保护纹理。杂色用来增加为画笔笔尖添加其他任意颜色的随机性，当应用的画笔描边具有柔化过渡需要时，该选项最为有效。湿边用来在画笔描边的边缘增大油彩量，从而创建水彩效果。喷枪将渐变色调应用于图像，同时模拟传统的喷枪技术。"画笔"调板中的"喷枪"选项与选项栏中的"喷枪"选项相对应。"平滑"在画笔描边中生成更平滑的曲线，当使用光笔进行快速绘画时，此选项最有效，但是它在描边渲染中可能会导致轻微的滞后。"保护纹理"将相同图案和缩放比例应用于具有纹理的所有画笔预设，选择此选项后，在使用多个纹理画笔笔尖绘画时，可以模拟出一致的画布纹理。

　　如果需要清除已经设置好的画笔选项，单击画笔调板中的小三角形，打开弹出菜单，从中选择"清除画笔控制"菜单命令，可以清除为选定的画笔笔尖设置的、除笔尖形状以外的一切选项。

◆ 4.2 铅笔工具

　　铅笔工具在图像上绘制当前的前景色，用于创建比较硬笔的线条，其效果类似用钢笔绘制的线条。单击工具箱中的画笔工具组，选择铅笔工具，如图 4－150 所示。

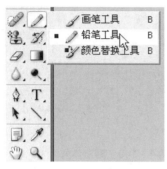

图 4－150　铅笔工具

图 4－151　先按 Shift 再拖按

　　选择铅笔工具后，在图像中拖按鼠标进行绘制，绘画的方法如同画笔工具。直接拖按鼠标绘制沿着鼠标指针移动轨迹的线条。或者按下 Shift 拖按鼠标绘制直线或者 90 度倍数的角度直线。先按下 Shift 键再拖按鼠标绘制的线条，如图 4－151 所示；或者持续按下 Shift 单击鼠标绘制两点之间斜线并首尾相连的多边形，如图 4－152 所示；如果需要重新定义起点，先释放 Shift 键，然后单击鼠标，之后再按下 Shift 键可以创建另一个闭合多边形，如图 4－153 所示。

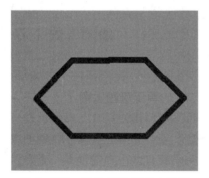

图 4－152　按住 Shift 键单击鼠标

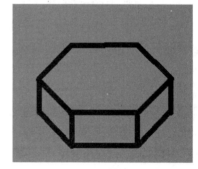

图 4－153　释放 Shift 键创建多个多边形

　　在工具箱中选取铅笔工具并显示铅笔工具选项栏，其选项的作用与画笔工具选项一致，唯一不同的是自动抹除选项。该选项允许铅笔工具在一定情形下使用背景色着色。如果选择自动抹除复选框，在铅笔工具应用前景色绘制线条时，如果鼠标指针反向沿着描边路线移动，此时铅笔工具应用背景色着色，其效果相当于擦除描边。如图 4－154 所示。将前景色设置为黑色，背景色设置为灰色，先使用铅笔工具绘制实线完成图形，然后在内部后面的线条上运用选择自动抹除选项的铅笔工具涂抹，其效果类似橡皮擦，可以绘制虚线线条。如果需要创建一些较为规则的图形，可以打开标尺进行精确定位，使用铅笔创建硬边直线，如图 4 – 155 所示。

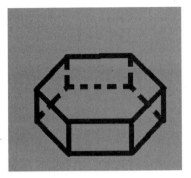

图 4 –154　使用自动抹除

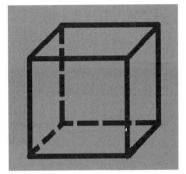

图 4 –155　立方体

◆ 4.3 颜色替换工具

颜色替换工具可以将修改区域当中满足一定条件的像素颜色替换成指定颜色。与一般画笔不同的是，拖按颜色替换工具进行绘画时，被替换颜色的像素要满足与样本颜色相似的要求，替换后像素颜色是基色和混合色的混合模式所决定的校正颜色。单击工具箱中的画笔工具组，选择颜色替换工具，如图 4 – 156 所示。

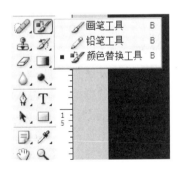

图 4 –156　颜色替换工具

使用颜色替换工具方法如下：①在工具箱中选择颜色替换工具；②在颜色替换工具选项栏中，从画笔预设管理器中选取一种笔尖；③其他选项采用默认设置，默认的混合模式为颜色，默认的取样为连续，默认的容差为 30%；④将前景色设置成完成替换后的像素颜色；⑤在图像中拖按鼠标，运用颜色替换工具替换不需要的颜色。

例如，原图是两种颜色不一样的老虎，按下 Alt 键并在左边老虎的头部单击鼠标，将其设置为前景色，然后在另一只老虎头部拖按鼠标进行替换颜色，完成替换后，两只老虎颜色的色调相同，只是亮度不同，如图 4 – 158 所示。

图 4 – 157　原图　　　　　　　图 4 – 158　替换颜色后的效果

如果需要改变被替换颜色的像素范围以及替换后的颜色，可以通过颜色替换工具的选项栏设置选项参数。选择颜色替换工具，选项栏如图 4 – 159 所示。

图 4 – 159　颜色替换工具选项栏

模式选项列表中包含颜色、色相、饱和度和亮度，其含义与前文所述的画笔混合模式含义相同，决定如何将基色与混合色组合成结果色。基色是指替换前的颜色，混合色是前景色，结果色是替换后的颜色。如果需要将图 4 – 157 中左边的老虎替换成右边老虎的颜色，选择不同的模式将产生不同的效果。

按住 Alt 键并在右边老虎头部单击鼠标，打开模式列表，选择颜色，运用颜色替换工具对左边老虎头部绘画，效果如图 4 – 160 所示。然后分别将模式更改为色相、饱和度和亮度，依次运用颜色替换工具。效果如图 4 – 161、4 – 162、4 – 163 所示。

图 4－160　颜色

图 4－161　颜色

图 4－162　饱和度

图 4－163　亮度

　　取样选项包含连续、一次和背景色板。如果选择连续取样，表明在拖按鼠标应用颜色替换工具时，样本点随着鼠标拖动而连续变化，因此，按照鼠标拖移处的像素与样本颜色符合容差，鼠标指针移动路线上的每个像素都符合被替换颜色的像素要求，但是画笔笔尖移动的路线上的像素未必都被替换，这取决于画笔笔尖形状中的像素与指针处像素的颜色差异是否超过容差值。画笔笔尖形状直径越大，意味着颜色差异也就越大，因而被替换颜色的像素也就越少。

　　例如，将前景色设置成红色，在图 4－164 中，使用画笔直径为 50 像素的颜色替换工具进行连续绘画。而在图 4－165 中，使用画笔直径为 600 像素的颜色替换工具进行连续绘画。对比两图，运用画笔直径较小的颜色替换工具替换后的路线较为连续，而运用画笔直径较大的颜色替换工具替换后的路线较为离散。

图4-164 直径为50　　　　　　　　　　图4-165 直径为600

如果选择一次取样，表明在拖按鼠标应用颜色替换工具时，样本点不会随着鼠标拖按而变化，一直是第一次单击鼠标处颜色。因此，在鼠标拖按的路线上，只有那些与第一点相似的颜色才被替换成结果色，结果色与基色、混合色和混合模式有关。

例如，将前景色设置成红色，按下 Alt 键并单击左虎的鼻部，然后运用颜色替换工具从左向右拖按鼠标，如图4-166所示。只有左虎鼻部被替换，而鼠标移动的轨迹上的其他像素没有替换。这是由于样本点颜色在整个绘画过程中保持不变，为绘画路线的第一点颜色，随着描边的进行到右虎，此处的像素颜色与第一点颜色相差太大，不符合容差，所以没有被替换。

图4-166 一次取样　　　　　　　　　　图4-167 背景色板

如果选取背景色板取样，表明在鼠标拖按的路线上，只有那些与背景色板相似的才被替换成前景色。例如，用吸管工具将左虎鼻部颜色设置成前景色，然后调换前景色和背景色，再次将前景色设置成红色。运用颜色替换工具从左向右拖按鼠标，如图4-167所示。

限制选项包含不连续、连续和查找边缘。如果选择不连续，表明在颜色替换工具的画笔笔尖形状范围内，满足与样本点颜色（即指针点颜色）相似的任何像素颜色都被替换。例如，将前景色设置成红色，运用画笔直径为 600 像素的颜色替换工具单击左虎头部，效果如图 4 – 168 所示。如果选择连续，表明在颜色替换工具的画笔笔尖形状范围内，除了要满足与样本点颜色（即指针点颜色）相似之外，还需要满足与指针点位置邻近的那些像素的颜色才被替换，邻近的意思是指该像素与指针之间不存在其他不相似颜色的像素。例如，运用画笔直径为 600 像素的颜色替换工具单击左虎头部，效果如图 4 – 169 所示。对比两图，左图中替换的像素数量要多于右图中的替换像素数量，原因在于左图被替换颜色的像素与鼠标指针不必连续，而右图中被替换颜色的像素与鼠标指针需要连续。如果选择查找边缘，可替换包含样本颜色的连接区域，同时更好地保留形状边缘的锐化程度。

图 4 –168   不连续

图 4 –169   连续

容差选项决定像素颜色是否与样本点颜色相似，如果两者颜色小于容差值，则表明颜色相似，如果两者大于容差值，则意味着颜色不相似。在容差文本框输入一个百分比数值。输入较低的百分比意味着满足条件的像素数量少，可以替换颜色的像素范围较小。例如，将容差设置为 5%，运用画笔直径为 600 像素的颜色替换工具单击左虎头部，如图 4 – 170 所示。输入较高的百分比意味着满足条件的像素数量多，可以替换范围更广的像素的颜色。例如，将容差设置为 30%，运用画笔直径为 600 像素的颜色替换工具单击左虎头部，如图 4 – 171 所示。如果选择"消除锯齿"复选框，可以为所校正的区域定义平滑的边缘。

图 4 - 170　容差为 5%

图 4 - 171　容差为 30%

◆ 4.4 图案图章工具

前文所述，画笔工具根据选项栏确定应用前景色的范围和方式。换言之，作为修改像素颜色值的工具，需要修改颜色值的像素数量由画笔笔尖形状相关参数所指定的范围确定，而需要修改像素的颜色值由画笔笔尖动态相关参数所指定的方式来确定，一般与前景色有关。在工具箱中，一些其他绘画和修饰工具则把画笔作为一种选项参数，确定该工具应用修改的范围和方式，而修改后的内容并不是与前景色相关的颜色，而是其他图案或者由用户自己指定。

图案图章工具就是这样的工具，它使用图案库中的图案或者自己定义的图案进行绘画。也就是图案图章工具的笔尖形状包含的内容不再是前景色，而是一幅图案。在工具箱中单击图章工具组，选择图案图章工具。如图 4 - 172 所示。

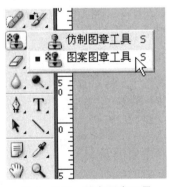

图 4 - 172　图案图章工具

图 4 - 173　运用效果

使用图案图章工具方法如下：①在工具箱中选择图案图章工具；②在图案图章工具选项栏中设置选项参数，如图 4 – 174 所示；③打开画笔笔尖面板，从预设管理器中选取一种笔尖；④根据基色和混合色的混合，从模式列表中选择一种混合模式，默认模式为正常；⑤设置不透明度和流量选项，默认值为 100%；⑥打开图案调板，从中选择一个图案；⑦在图像中拖按鼠标，运用图案图章工具涂抹，效果如图 4 – 173 所示。

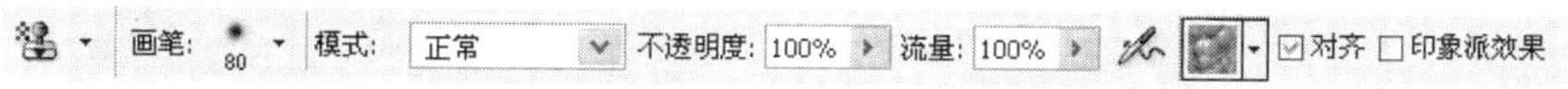

图 4 – 174　图案图章工具选项栏

在图案图章工具选项栏中，大部分选项的含义与画笔中的选项含义一样，但有两个选项不同，即印象派效果和对齐。如果在选项栏中选择"印象派效果"复选框，则绘画的图案具有印象派效果。

如果在选项栏中选择"对齐"复选框，当拖按鼠标进行绘画时，笔尖将图案中的像素颜色应用到图像中，随着鼠标的移动，画笔笔尖和图案中像素的相对位置保持不变，即使释放鼠标另选他处绘画，也会继续保持相对位置不变的连续性。在图案调板中选择一种图案，运用图案图章工具第一次拖按绘画，效果如图 4 – 175 所示，选择的图案是鸭子。然后释放鼠标，在另一处位置运用图案图章工具第二次拖按绘画，效果如图 4 – 176 所示，图中有两只鸭子。在图 4 – 177 中，运用图案图章工具进行第三次绘画。在图 4 – 178 中，则是第四次绘画。对比这些图，可以知道，无论进行几次绘画，每次绘画的鸭子都与其他的鸭子的相对位置不变。

图 4 – 175　第一次拖按绘画

图 4 – 176　第二次拖按绘画

图4-177 第三次拖按绘画

图4-178 第四次拖按绘画

如果取消选择"对齐"选项，表明在每次停止绘画并另选他处重启绘画时，重新启动图案。在图4-179中，两次绘画产生两只鸭子，在图4-180中，三次绘画产生三只鸭子。对比两图，可以知道，三只鸭子的相互距离是不一样的。

图4-179 两次绘画

图4-180 三次绘画

在使用图案进行绘画时，可用图案选自图案调板或图案预设管理器。如果图案调板没有所需图案，可以通过自定义图案添加新图案。方法如下：①打开准备定义成图案的图像；②选定区域，如图4-181所示；③选择菜单"编辑|定义"图案命令，打开"图案名称"对话框，为新图案输入名称，如图4-182所示。

图 4 - 181　选定区域

图 4 - 182　新建图案

◆ 4.5 仿制图章工具

仿制图章是用来创建自定义画笔源的一种画笔工具，它将仿制图章画笔源处的颜色应用到仿制图章工具位置处，如同画笔工具将前景色应用到画笔涂抹处。

单击工具箱中的图章工具组，选择仿制图章工具，如图 4 - 183 所示。运用仿制图章工具方法如下：①在工具箱选择仿制图章工具；②从仿制图章工具选项栏中设置参数，打开画笔笔尖面板，从预设管理器中选择一个画笔笔尖；③根据色彩混合，在模式列表中选择一种混合模式，默认模式为正常；④设置不透明度、流量等选项，默认值为 100%；⑤按下 Alt 键，在图像中单击鼠标，将此处定义成仿制图章画笔源，如图 4 - 184 所示；⑥在图像其他位置上拖按鼠标进行绘画，随着鼠标指针的移动，画笔源也在移动。在

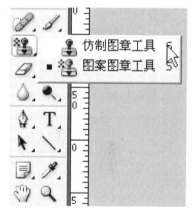

图 4 - 183　仿制图章工具

图中，拖按仿制图章工具对应的鼠标形状为画笔笔尖，而画笔源的形状为指针，如图 4 - 185 所示。

图 4 –184　定义仿制图章画笔源

图 4 –185　仿制图章工具效果

与画笔工具选项栏不同的是，仿制图章工具选项栏有两个选项，对齐和样本，如图 4 –186 所示。

图 4 –186　仿制图章工具选项栏

如果在选项栏中选择"对齐"选项，则表明画笔笔尖与画笔源距离为起始画笔源和起始画笔笔尖之间的间距，并保持不变，即使释放鼠标另选他处绘图，也会保持画笔源和画笔笔尖之间相对距离不变，以确保绘画与原始起点的连续性。如果取消选择"对齐"选项，表明在每次停止绘画并选他处重启绘画时，无论进行几次绘画，都需重新计算新的画笔笔尖与起始画笔源之间的间距，以保证参与计算的画笔源的绝对位置不变，但画笔源和笔尖的相对位置在变化。

图 4 –187　原图

在图 4 – 187 中，原图是三只鸭子，选择对齐选项，按下 Alt 键鼠标，在图中标示为 1 的位置处单击左键对鸭子取样，然后在其上方位置进行第一次绘画，在图中标示为 2 的位置处创建一只鸭子。然后释放鼠标，在图中标示为 3 的位置处进行绘画并创建一只鸭子。再次释放鼠标，在图中标示为 4 的位置处绘画并创建一只鸭子，效果如图 4 – 188 所示。从中可以得知，2、3、4 位置处的鸭子是分别复制 1、5、6 位置处的鸭子而产生的，因此，1 和 2、5 和 3、6 和 4 之间的相对位置不变，三次绘画的画笔源从 1 变化到 5，再变化到 6。

图 4 – 188　选择对齐

在图 4 – 187 中，取消选择对齐选项，按下 Alt 键鼠标，在图中标示为 1 的位置处单击左边鸭子取样，然后在其上方位置进行第一次绘画，在图中标示为 2 的位置处创建一只鸭子。然后释放鼠标，在图中标示为 3 的位置处进行绘画并创建一只鸭子。再次释放鼠标，在图中标示为 4 的位置处绘画并创建一只鸭子，效果如图 4 – 189 所示。从中可以得知，2、3、4 位置处的鸭子都是复制 1 位置处的鸭子而产生的，三个复制的鸭子都是一样的。因此，三次绘画的画笔源都一样，一直都是标示为 1 的位置处，而代表三次绘画的画笔笔尖的位置 2、3 和 4 则与画笔源位置 1 的相对位置不断变化。

图 4 –189　取消选择对齐选项

　　取样列表框包括三个选项：当前图层、当前及以下图层和所有图层。在定义仿制图章画笔源时，如果选择当前图层，则表明画笔源取自当前图层颜色。如果选择当前及以下图层，在仿制图章工具画笔源移动到当前图层是透明像素的位置处进行绘画时，画笔源可以从下方图层取样。如果选择所有图层，表明画笔源可以从所有图层取样。

◆ 4.6 历史记录画笔工具及调板

　　当遇到对图像编辑绘画操作失误时，应当提供能够撤消操作或者回退的方法。Photoshop 提供历史记录来保存每次对图像应用的更改，当对图像进行新的修改应用时，图像的新状态都会添加到该历史记录调板中。在文档窗口右侧的控制面板区域中单击历史记录按钮，打开历史记录调板，如图 4 –190 所示。

图 4 –190　历史记录调板

图 4 –191　经过几个操作后的状态

如果对图像进行一系列操作，每个操作产生的状态都会在历史记录调板中列出，如果需要回退到以前的某个操作后状态，只要单击历史记录调板中所记录的该项操作就可以恢复相应的状态。例如，对图像进行画笔描边、图案图章绘画和仿制图章绘画等操作之后，效果如图 4－191 所示。这些操作的状态都保存在历史记录中，如图 4－192 所示，可以在历史记录调板中单击图案图章，就可以撤消仿制图章绘画操作，恢复到图案图章绘画后的状态，如图 4－193 所示。

图 4－192　单击要回退的操作

图 4－193　回退后的图像状态

默认情况下，"历史记录"调板将列出以前的 20 个状态，当操作状态数达到 20，如果再增加新的状态，最旧的状态将被删除以便释放更多的内存。可以选择菜单"编辑｜首选项｜性能"命令，打开性能对话框来修改默认的历史记录状态数。

如果需要将一个旧的状态在程序运行期间持续保存，不被不断增加的新状态所覆盖，可以为此状态创建一个快照。在历史记录调板中选择一个操作状态，单击下方"创建新快照"按钮，为此状态创建一个快照，可以在整个文档的会话周期内保存。如图 4－194 所示。

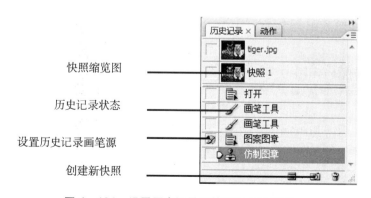

图 4－194　设置历史记录画笔源和创建快照

　　历史记录画笔工具使用历史记录调板中的状态作为画笔源应用到画笔笔尖处。运用历史记录画笔绘画可以将一个图像的过去状态或快照复制到当前图像窗口中，特别是将图像中的部分区域的过去状态复制到当前图像窗口。历史记录画笔工具不但可以将一个状态或快照复制到当前状态，而且还可以复制到另一个状态或快照，但只是在相同的位置，因此，历史记录画笔不可用于不同图像上。

　　从某种程度上说，快照和历史记录状态实现的是将图像的整体恢复到以前状态，而历史记录画笔结合了历史记录状态和用来定义即将修改的区域的画笔，实现的是将图像局部恢复到以前状态。例如，在运用画笔对图像进行从左到右描边之后，如图 4 – 195 所示，如果需要将中间的描边路线取消，运用历史记录画笔的操作方法如下：①在工具箱中选择历史记录画笔工具，如图 4 – 196 所示；②在选项栏设置选项参数，从画笔笔尖预设管理器中选择一个笔尖；③其他选项依照默认设置；④打开历史记录调板，在用作历史记录画笔源的状态或快照的左侧复选框中单击鼠标设置历史记录画笔源，在此选择打开状态，如图 4 – 197 所示；⑤在将要恢复的局部拖按鼠标，在此需要在描边路线中间运用历史记录画笔工具进行绘画，结果如图 4 – 198 所示。

图 4 –195　修改后的图像

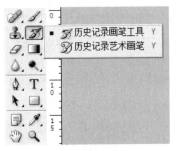

图 4 –196　历史记录画笔工具

图 4 –197　设置历史记录画笔源

图 4 –198　局部恢复

◆ 4.7 历史记录艺术画笔

历史记录艺术画笔工具将历史记录调板中的状态或快照作为画笔源，以风格化描边应用到画笔笔尖处，用以创建不同于历史记录画笔工具的效果。与历史记录画笔不同的是，历史记录艺术画笔在使用历史记录状态或快照作为画笔源的同时，还将为画笔源创建不同的艺术风格和样式效果，然后输出到画笔笔尖处，应用到当前图像窗口。

历史记录艺术画笔工具的使用方法如下：①在工具箱中选择历史记录画笔工具，如图 4 – 199 所示；②在选项栏设置选项参数，从画笔笔尖预设管理器中选择一个笔尖；③指定混合模式和不透明度，一般依照默认设置；④指定样式、区域和容差；⑤在历史记录调板中，在用作历史记录艺术画笔源的状态或快照的左侧复选框中单击鼠标，设置历史记录画笔源；⑥在图像中拖按鼠标，应用历史记录艺术画笔进行绘画。效果如图 4 – 200 所示。

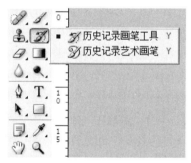

图 4 – 199　历史记录艺术画笔

图 4 – 200　应用效果

通过选择不同的绘画样式、大小和容差选项，创建不同的色彩和艺术风格模拟绘画的纹理。从"样式"菜单中选取选项来控制绘画描边的形状。对于"区域"，通过输入值来指定绘画描边所覆盖的区域。输入值越大，覆盖的区域就越大，描边的数量也就越多。对于"容差"，可以通过设置输入值以限定可应用绘画描边的区域。低容差可用于在图像中的任何地方绘制无数条描边，高容差则将绘画描边限定在与源状态或快照中的颜色明显不同的区域。

第 5 章　修饰与变换

　　Photoshop 提供对图像的某些像素进行修饰功能，用于校正图像中的瑕疵，调整图像中的对比度，擦除图像中的色彩以及改变色彩深度等。用于校正图像中的瑕疵的工具包括修复画笔工具、污点修复画笔工具、修补工具、红眼工具；用于调整图像中的对比度的工具包括模糊工具、锐化工具和涂抹工具；用于擦除图像中色彩的工具包括橡皮擦工具、背景橡皮擦工具和魔术橡皮擦工具；用于改变色彩深度的工具包括减淡工具、加深工具和海绵工具。综合运用这些工具可以将有瑕疵、缺陷和质量一般的图像变成耳目一新的视觉效果。

◆ 5.1 校正图像

※ 5.1.1 修复画笔工具

　　修复画笔工具根据用户定义的画笔源（也称为样本）的纹理、亮度和对比度来匹配画笔笔尖处像素，然后应用到画笔笔尖处。消除一些明显与周围不匹配的像素，从而使应用修复画笔绘画后的像素与图像的其余部分过渡自然平滑。与仿制图章工具一样，修复画笔工具将图像中的用来替换瑕疵点颜色的像素颜色定义为画笔源，与仿制图章工具不同的是，修复画笔工具还将画笔源边缘进行修正，以期望替换瑕疵以后的图像部分能够与其余图像部分更为融合。

图 5 - 1 原图

图 5 - 2 修复画笔工具

图 5 - 3 修复画笔工具栏

如果需要除去图像中多余的像素，又能够保持不留痕迹，应该使用修复画笔工具。例如，在图 5 - 1 中，需要将大海的船消除，使用修复画笔工具的方法如下：①单击工具箱的修复画笔工具组，选择修复画笔工具，如图 5 - 2 所示；②在修复画笔工具选项栏中设置选项参数，如图 5 - 3 所示；③单击选项栏中的画笔，设置直径、硬度、间距、圆度和角度笔尖选项；④为模式、源、图案、对齐和取样等选项设置值，一般情况下，可以依照默认设置；⑤按住 Alt 键，在需要被替换的像素区域附近单击鼠标进行取样，设置修复画笔工具的画笔源，例如，按住 Alt 键在小船下方单击鼠标；⑥在即将被替换的像素区域上拖按鼠标进行绘画，运用修复画笔工具将画笔源处像素融合到当前像素区域中，例如，在小船上沿着水平方向拖按鼠标，结果如图 5 - 4 所示。从图中可以知道，小船像素被大海像素替换了并很好地融入了周边部分。

图 5 - 4 修复后的图像

图 5 - 5 正片叠底

在修复画笔工具选项栏中，选项模式决定画笔源如何与画笔笔尖处像素混合，其含义与画笔工具中的混合模式相同，默认设置为正常模式。图 5 - 5 是正片叠底混合模式的效果。

选项源用来决定如何设置画笔源。如果选择取样，表明可以由用户自己定义将当前图像中的像素作为画笔源，如果选择图案，则表明将图案调板中的某个图案中的像素作为修复画笔源。

选项对齐决定如何控制画笔源的变化。如果选择对齐，表明在拖按鼠标应用修复画笔工具时，随着鼠标指针的拖移，画笔源和画笔笔尖相对保持不变，即使释放鼠标并重新绘画，也会保持这个间距一直是第一个画笔源和第一个画笔笔尖的位移。在图5-6中，将大桥桥墩作为画笔源，在其他位置使用修复画笔进行两次绘画，第一次绘画是复制了桥墩，第二次绘画是复制了钢索，两次绘画的部分都是大桥的两个不同部分。如果取消选择对齐，则表明在每次停止绘画并重新开始时，画笔源和画笔笔尖间距为当前画笔笔尖和起始样本点的位移，因此，每次绘画的间距都与上次绘画间距不同。在图5-7中，将大桥桥墩作为画笔源，在其他位置使用修复画笔进行两次绘画，第一次绘画的是复制了桥墩，第二次绘画是还是复制了桥墩，两次绘画的部分都是相同的大桥一部分。

图5-6　选择对齐　　　　　　　　　图5-7　取消选择对齐

选项样本决定从指定的图层中进行取样。如果选择当前图层，表明仅从当前图层中取得样本像素，即使是透明像素。如果选择当前和下方图层，表明除非是透明像素，否则从当前图层取样。如果选择所有图层，表明可以从所有可见图层取得样本。

在使用修复画笔并完成绘画时，每次释放鼠标将会计算修复区域的边缘。由于修复画笔要将画笔源与画笔笔尖像素及附近像素进行匹配，从而使修复后的区域能够与周围在色彩上是连续变化的，而不是突然变化的。如果要修复的区域边缘有强烈的对比度，修复区域之外的像素颜色对修复结果影响较大，为了防止区域外像素颜色的影响，则应该在使用修复画笔工具之前，先建立一个选区。选区应该比要修复的区域稍大，当用修复画笔工具绘画时，该选区将阻止从选区外匹配颜色。

例如，在图 5 - 8 中，文字"中国政法大学"是黑色字体，与周围对比度强烈，如果在其下方应用修复画笔工具复制白云，将会受到黑色文字的影响。而在图 5 - 9 中，由于先建立了选区，该选区把黑色文字的影响排除在外，因此，黑色文字对应用修复画笔工具复制白云的影响被消除了。

图 5 - 8　未建立选区　　　　　　　　　图 5 - 9　建立选区

※ 5.1.2 污点修复画笔工具

污点修复画笔工具根据系统所指定的修复区域周围的画笔源（也称为样本）的纹理、亮度和对比度来匹配画笔笔尖处像素，然后应用到画笔笔尖处。如果图像中存在区域极小的污点，使用污点修复画笔工具可以快速消除图像污点。修复画笔的画笔源的定义是由用户指定，而污点修复画笔工具的画笔源则是由系统根据修复区域的周围像素情况来设置。

在工具箱中单击修复画笔工具组，选择污点修复画笔工具，如图 5 - 10 所示。污点修复画笔工具的操作方法如下：①打开原图，如图 5 - 11 所示。②打开污点修复画笔工具选项栏，如图 5 - 12 所示。③设置画笔笔尖参数，画笔大小比污点稍大些，这样单击一次就可去除污点，如图 5 - 13 所示。④设置模式，其参数含义与修复画笔工具的模式含义相同。⑤选择一种类型，如果选择近似匹配，表明使用将要修复的区域边缘的周围像素来查找用作污点修复画笔工具的画笔源的样本区域；如果选择创建纹理，则表明使用将要修复的区域中的所有像素的纹理来查找用作污点修复画笔工具的画笔源的样本区域。⑥如果选择对所有图层取样，表明可以从所有可见图层中的像素设置污点修复画笔工具的画笔源，如果取消对所有图层取样，则表明只能从当前图层中取样。⑦在将要修复的污点区域单击鼠标，效果如图 5 - 14 所示。如果需要修复的污点面积较大，应用使用修复画笔。

图 5-10　污点修复画笔工具

图 5-11　原图

图 5-12　污点修复画笔工具栏

图 5-13　设置画笔笔尖

图 5-14　修改后的效果

※ 5.1.3 修补工具

　　修补工具根据像素的纹理、光照和阴影将图像中源区域像素和目标区域像素进行匹配，并应用到目标区域，源区域和目标区域形状相同，皆由用户通过选区工具来定义。通过使用修补工具，简单来说，可以将源区域像素无缝地复制到目标区域。

　　在工具箱中单击修复画笔工具组，选择修补工具，如图 5-15 所示。修补工具的操作方法如下：①打开原图，如图 5-16 所示，需要将水印字去除；②打开修补工具选项栏，如图 5-17 所示；③选择修补选项为源，如果选择源，表明建立选区的区域是目标区域，然后拖动选区后形成的区域是源区域；如果选择目标，则表明建立选区的区域是源区域，然后拖动选区后形成的区域是目标区域；④建立选区以包括水印字体，可以使用修补工具拖动鼠标围住水印字体，也可以在使用修补工具之前使用矩形选框工具建立这样的选区，如图 5-18

所示；⑤将鼠标放到选区内，然后向左拖动鼠标到想要从中取样的区域，释放鼠标后，原来建立的选区被取样区域的像素修补，如果在选项栏中选择目标，则在释放鼠标后，用原来建立的选区修补拖动鼠标后形成的新区域。效果如图 5 -19 所示。在使用修补工具时，建立较小的选区进行多次修补，效果可能会更好。

图 5 -15 修补工具

图 5 -16 原图

图 5 -17 修补工具选项栏

图 5 -18 建立选区

图 5 -19 进行修补

※ 5.1.4 红眼工具

红眼工具用来消除因闪光灯照射人眼视网膜而产生的红眼。根据采样区域，降低区域中红色像素的饱和度。在工具箱中单击修复画笔工具组，选择红眼工具，如图 5 -20 所示。

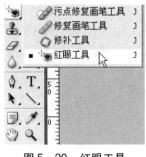

图 5-20　红眼工具

图 5-21　原图

使用红眼工具的操作方法如下：①打开原图，如图 5-21 所示；②打开红眼工具选项栏，如图 5-22 所示；③输入百分比数值设置瞳孔大小，增大数值表明扩大红眼工具的取样区域，减小数值表明缩小红眼工具的取样区域；④输入百分比数值设置变暗量，增加数值表明加大校正量，以更大幅度降低取样区域中红色像素饱和度；减小数值表明降低校正量，以较小幅度降低红色像素饱和度；⑤在红眼区域拖按鼠标以包括眼睛，效果如图 5-23 所示。如果对结果不满意，重新调整瞳孔大小和变暗量，可以多次使用红眼工具。

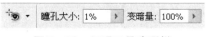

图 5-22　红眼工具选项栏

图 5-23　去除红眼

◆ 5.2 调整对比度

※ 5.2.1 模糊工具

模糊工具用来降低图像中邻近像素间的对比度，减小细节差异，柔化对比度强烈的边缘。随着使用模糊工具次数增加，图像中像素亮度趋于一致，也就越模糊。在工具箱中单击调整对比度工具组，选择模糊工具，如图 5-24 所示。

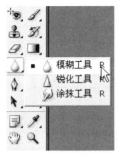

图 5 -24 模糊工具

图 5 -25 原图

使用模糊工具的操作方法如下：①打开原图，如图 5 - 25 所示；②打开模糊工具选项栏，如图 5 - 26 所示；③设置画笔笔尖参数；④设置混合模式参数；⑤设置强度参数；⑥如果选择对所有图层取样，表明可以对所有图层的数据进行模糊，如果取消选择对所有图层取样，则表明只对当前图层进行模糊处理；⑦在将要进行模糊处理的区域拖按鼠标。效果如图 5 - 27 所示。

图 5 -26 模糊工具选项栏

图 5 -27 模糊后效果

※ 5.2.2 锐化工具

锐化工具用来增加图像中邻近像素间的对比度，加强细节差异，锐化对比度不明显的边缘。随着使用锐化工具次数的增加，图像中像素亮度反差越大，也就越锐化。在工具箱中单击调整对比度工具组，选择锐化工具，如图 5 -28 所示。

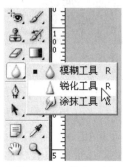

图 5 -28　锐化工具

图 5 -29　原图

使用锐化工具的操作方法如下：①打开原图，如图 5 - 29 所示；②打开锐化工具选项栏，如图 5 -30 所示；③设置画笔笔尖参数；④设置混合模式参数；⑤设置强度参数；⑥如果选择对所有图层取样，表明可以对所有图层的数据进行锐化，如果取消选择对所有图层取样，则表明只对当前图层进行锐化处理；⑦在将要进行锐化处理的区域拖按鼠标。效果如图 5 -31 所示。

图 5 -30　锐化工具选项栏

图 5 -31　锐化后效果

※ 5.2.3 涂抹工具

涂抹工具模拟在纸张上用手指拖按墨滴移动的效果。与手指拖按的轨迹经过的路线被染上墨水颜色的方式相同，涂抹工具对拖按鼠标进行绘画的描边起点处颜色取样，然后沿着描边方向应用取样颜色。在工具箱中单击调整对比度工具组，选择涂抹工具，如图 5-32 所示。

图 5-32　涂抹工具

图 5-33　原图

使用涂抹工具的操作方法如下：①打开原图，如图 5-33 所示；②打开锐化工具选项栏，如图 5-34 所示；③设置画笔笔尖参数；④设置混合模式参数；⑤如果选择对所有图层取样，表明可以对所有图层的数据进行涂抹，如果取消选择对所有图层取样，则表明只对当前图层进行涂抹处理；⑥如果选择手指绘画，可使用每次绘画起点处的前景色涂抹，如果取消手指绘画，则表明可使用每次绘画起点处的指针所指的颜色进行涂抹；⑦在将要进行涂抹处理的区域拖按鼠标。效果如图 5-35 所示。

图 5-34　涂抹工具选项栏

图 5-35　涂抹后效果

◆ 5.3 擦除色彩

※ 5.3.1 橡皮擦工具

橡皮擦工具用来将笔尖形状处的像素颜色变更为背景色或者透明。如果当前图层是背景图层或者是已锁定透明度的图层，使用橡皮擦工具将像素更改为背景色。如果当前图层是一般图层，使用橡皮擦工具将像素更改为透明。此外，橡皮擦工具还可以将笔尖形状处的像素颜色变更为历史记录调板中的状态。在工具箱中单击擦除色彩工具组，选择橡皮擦工具，如图 5 – 36 所示。

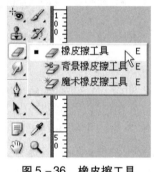

图 5 – 36　橡皮擦工具

图 5 – 37　原图

图 5 – 38　橡皮擦工具选项栏

使用橡皮擦工具的操作方法如下：①打开原图，如图 5 – 37 所示；②打开橡皮擦工具选项栏，如图 5 – 38 所示；③设置画笔笔尖参数；④设置模式；⑤为不透明度和流量输入百分比数值；⑥如果选择抹到历史记录选项，表明橡皮擦工具用历史记录调板状态替换橡皮擦工具的画笔笔尖形状处的像素，选择该选项的同时应设置好历史记录画笔源；⑦在将要进行擦除处理的区域拖按鼠标。效果如图 5 – 39、5 – 40 所示。

图 5–39 背景图层的擦除

图 5–40 一般图层的擦除

图 5–41 图层块擦除

图 5–42 一般图层块擦除

对于模式选项，如果选择画笔模式，表明可以像画笔工具那样用背景色或透明色替换像素，可以为不透明度和流量值输入百分比数值；如果选择铅笔模式，则表明可以像铅笔那样工作，可以为不透明度输入百分比数值，不能为流量输入百分比数值，画笔和铅笔两者的区别是画笔为柔性描边，铅笔为硬性描边；如果选择块模式，表明块笔尖形状是固定大小和硬边缘的正方形，不能为不透明度和流量输入百分比数值。如图 5–41、5–42 所示。

※ 5.3.2 背景橡皮擦工具

背景橡皮擦工具用来将画笔笔尖形状范围内的符合条件的像素更改为透明色，这个条件就是画笔笔尖形状范围内的像素颜色与样本点颜色差异控制在容差值所描述的范围内。背景橡皮擦将鼠标指针所指之处即画笔笔尖中心定义为样本，并在画笔笔尖形状范围内擦除与样本颜色相似的像素。使用背景橡皮擦工具不仅可以擦除指针处附近区域颜色相似的像素，而且能够在一个画笔笔尖形状中保留与远离指针处并与其颜色差异较大的边缘部分。通过设置不同的容差值以及选择不同的样本，可以控制背景橡皮擦工具更改像素区域范围和边界对比程度。在工具箱箱中单击橡皮擦工具组，选择背景橡皮擦工具，如图 5-43 所示。

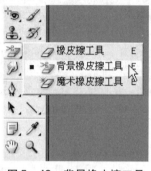

图 5-43　背景橡皮擦工具

图 5-44　原图

　　使用背景橡皮擦工具的操作方法如下：①打开原图，如图 5-44 所示。②打开背景橡皮擦工具选项栏，如图 5-45 所示。③设置背景橡皮擦的画笔笔尖直径、硬度和间距等参数。④设置取样方式。⑤设置限制选项。⑥输入百分比数值的容差，增加容差值，表明将要擦除的与样本颜色相似的像素区域更广；降低容差值，表明与样本颜色相似的区域更小。在图 5-46 中，容差为 10%，在图 5-47 中，容差为 30%。⑦如果选择保护前景色，表明不许擦除在画笔笔尖形状范围内的与前景色匹配的区域。⑧在将要擦除的区域上拖按鼠标。

图 5-45　背景橡皮擦工具选项栏

图 5-46　容差为 10%

图 5-47　容差为 30%

　　关于取样选项用户可以选择连续、一次和背景色板。如果选择连续取样，表明在拖按鼠标时，样本点会随着画笔中心指针的移动而移动，样本点颜色在不断变化中，在图 5 – 48 中，画笔中心沿线都被擦除了。如果选择一次取样，表明在拖按鼠标时，样本点为当前绘画的起点，除非是进行到下一次绘画描边，否则样本点颜色在当前这次绘画描边路线中保持不变，在图 5 – 49 中，样本颜色为绿色的起始点，画笔笔尖范围内的红色部分没有擦除。如果选择背景色板，表明样本点颜色为背景色，背景橡皮擦工具擦除与背景色颜色相似的像素区域，在图 5 – 50 中，背景色板为红色，因此图像中红色部分被擦除。

图 5 – 48　连续取样

图 5 – 49　一次取样

图 5 – 50　背景色板

图 5 – 51　区域不连续

　　关于限制选项，用户可以选择不连续、连续和查找边缘。如果选择不连续，表明擦除画笔笔尖形状范围内任何与样本颜色相似的像素区域，在图 5 – 51 中，画笔笔尖范围内有几块相互不连接的绿色区域都被擦除了。如果选择连续，表明擦除画笔笔尖形状范围内任何与样本颜色相似并与画笔中心（鼠标指针）互相连接的像素区域，在图 5 – 52 中，只有与画笔中心连接的绿色区域被擦除。如果选择查找边缘，表明在擦除与鼠标指针处相互连接的并与样本颜色相似的像素区域同时，更好地保留远离画笔中心的边缘部分以便提高边缘的锐化程度，如图 5 - 53 所示。

图 5 - 52　连续区域

图 5 - 53　查找边缘

　　如果选择保护前景色可以扣图，例如，可以将前景色设置为红色，然后使用橡皮擦工具将除红花之外所有部分擦除，结果如图 5 - 54 所示。将前景色设置为绿色，然后使用背景橡皮擦工具将红花擦除，如图 5 - 55 所示。

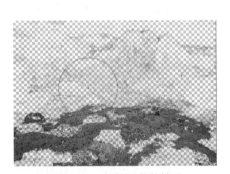

图 5 - 54　保护绿色的擦除

图 5 - 55　保护红色的擦除

※ 5.3.3 魔术橡皮擦工具

　　魔术橡皮擦工具用来将与鼠标单击处像素颜色相似的区域删除。实际上，该工具作用相当于魔棒工具和橡皮擦工具的结合。在当前图层中单击鼠标时，将此处像素颜色定义为样本颜色，然后将当前图层中与样本相似的像素变更为透明色。如果当前图层在已锁定透明度状态，这些像素将更改为背景色。在工具箱中单击橡皮擦工具组，选择魔术橡皮擦工具，如图 5 - 56 所示。

图 5 –56 魔术橡皮擦工具　　　　　　　图 5 –57 原图

　　使用魔术橡皮擦工具的操作方法如下：①打开原图，如图 5 – 57 所示；②打开魔术橡皮擦工具选项栏，如图 5 – 58 所示；③设置容差，输入百分比数值的容差值，较低的容差值表明将要擦除的与样本颜色相似的区域更小，如图 5 –59所示，较高的容差值表明与样本颜色相似的区域更广，如图 5 – 60 所示；④如果选择连续选项，表明擦除区域要与画笔中心既要颜色相似，又要相互连接，如图 5 – 62 所示，如果取消连续选项表明擦除任何与样本相似的区域，如图 5 – 61 所示；⑤如果选择对所有图层取样，表明可以从可见图层获取样本数据，如果取消选择对所有图层取样，表明只能从当前图层获取样本数据；⑥在图像中要擦除的颜色上单击鼠标。

容差：32　☑消除锯齿　□连续　☑对所有图层取样　不透明度：100%　▶

图 5 –58 魔术橡皮擦工具选项栏

图 5 –59 容差为 32　　　　　　　　　图 5 –60 容差为 64

图 5 –61 区域不连续

图 5 –62 区域连续

◆ 5.4 改变色彩深度

※ 5.4.1 减淡或加深工具

减淡工具和加深工具用来使画笔笔尖处的像素颜色变亮或者变暗，模拟调整照相技术中的曝光度来减淡或加深照片中的某些区域。随着在图像中的同一区域使用减淡工具或加深工具的次数的增加，该区域的像素颜色就会变得更亮或更暗。在工具箱中单击改变色彩深度工具组，选择减淡或加深工具，如图 5 –63所示。

图 5 –63 减淡或加深工具

图 5 –64 原图

图 5 –65 减淡工具或加深工具选项栏

　　使用减淡工具或加深工具的操作方法如下：①打开原图，如图 5 – 64 所示；②打开减淡工具或加深工具选项栏，如图 5 – 65 所示；③在选项栏中选择一种画笔笔尖，设置笔尖形状参数，例如设置较大的直径以覆盖整个图像；④为范围选项设置参数，如果选择阴影，表明更改区域当中的最暗部分，如果选择中间调，表明更改区域当中灰色部分，如果选择高光，表明更改区域当中最亮部分，例如，分别为减淡或加深工具选取不同的范围；⑤为曝光度输入介于 0% 到 100% 之间的数值，例如输入 100%；⑥在将要变亮或变暗的区域上拖按鼠标。效果如下列图所示。

图 5 – 66　减淡阴影

图 5 – 67　减淡中间调

图 5 – 68　减淡高光

图 5 – 69　加深阴影

图 5 – 70　加深中间调

图 5 – 71　加深高光

※ 5.4.2 海绵工具

海绵工具用来更改画笔笔尖处的像素颜色饱和度，增加饱和度意味着颜色越鲜艳，降低饱和度意味着颜色越灰。在工具箱中单击改变色彩深度工具组，选择海绵工具，如图 5－72 所示。

图 5－72　海绵工具　　　　　　图 5－73　原图

图 5－74　海绵工具选项栏

使用海绵工具的操作方法如下：①打开原图，如图 5－73 所示；②打开海绵工具选项栏，如图 5－74 所示；③在选项栏中选择一种画笔笔尖，设置笔尖形状参数，例如，设置较大的直径以使拖按画笔能够从左到右覆盖黄色部分；④为模式选项设置参数，如果选择加色，表明增加画笔笔尖范围内像素的饱和度，如果选择去色，表明降低画笔笔尖范围内像素的饱和度，例如，分别选择加色和去色应用海绵工具；⑤为流量输入 0% 到 100% 的百分比数值；⑥在将要更改饱和度的区域拖按鼠标。效果如图 5－75、5－76 所示。

图 5－75　去色　　　　　　　　图 5－76　加色

◆ 5.5 裁剪与变换

※ 5.5.1 裁剪图像

裁剪用来保留指定区域中的像素而移去区域外的像素以减小图像尺寸和文件存储大小。例如，裁剪前的图像分辨率为 1280×800，存储大小为 2.93MB，经裁剪后，分辨率为 452×391，存储大小为 517KB。在工具箱中单击裁剪工具，如图 5 – 77 所示。

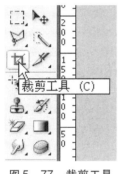

图 5 – 77　裁剪工具

图 5 – 78　原图

图 5 – 79　裁剪工具选项栏

使用裁剪工具的操作方法如下：①打开原图，如图 5 – 78 所示；②打开裁剪工具选项栏，如图 5 – 79 所示；③如果不准备对原图重新取样、调整分辨率，采用选项栏的默认设置；④在图像中要保留的部分上拖按鼠标，以创建一个选框，如图 5 – 80 所示；⑤按 Enter 键或者单击选项栏提交按钮完成裁减。效果如图 5 – 81 所示。

图 5 –80　框选

图 5 –81　裁减后效果

　　如果在创建选框时鼠标拖按不太精确，可以在创建后进行调整。例如，如果需要移动选框的位置，可以将鼠标指针放在选框内并拖动。如果需要放大或缩小选框，可以在选框的左上、中上、右上、左中、右中、左下、中下和右下等控制点上拖按鼠标，向外拖是放大选框，向内拖是缩小选框。如果需要在缩放选框时保持原有的高度和宽度比例，可以在拖按鼠标时按住 Shift 键。如果需要选框围绕中心点旋转，可以在鼠标指针放在选框外直到指针变为弯曲的双向箭头时拖按鼠标。如果需要改变旋转的中心点位置，可以将中心点拖到期望位置。

※ 5.5.2 变换对象

　　变换用来对图像中部分像素组成的区域进行位置调整和面积调整。例如，缩放变换是放大或缩小区域面积，对于放大变换需要根据一定原理插入一些颜色值的像素以弥补面积的扩大，对于缩小变换需要删除一些颜色值的像素以适应面积的减小。旋转变换是区域中的像素数量不变，但是会根据围绕区域中心点的旋转将像素调整到新位置。斜切变换是按照水平方向或垂直方向倾斜区域，区域面积发生变化，需要插入或删除一些像素颜色。扭曲变换是按照任何方向倾斜区域，区域面积发生变化，需要插入或删除一些像素颜色。透视变换是对称地按照水平方向或垂直方向倾斜区域，区域面积发生变化，需要插入或删除一些像素颜色。变形变换是区域中像素总数量不变，但是内部的某些像素会膨胀到替换了邻近像素，而有些像素可能坍塌到被别的像素所替代。

图 5 – 82　变换前原图

再次(A)　　　Shift+Ctrl+T
缩放(S)
旋转(R)
斜切(K)
扭曲(D)
透视(P)
变形(W)
旋转 180 度(1)
旋转 90 度(顺时针)(9)
旋转 90 度(逆时针)(0)
水平翻转(H)
垂直翻转(V)

图 5 – 83　变换菜单命令

　　变换对象的操作方法如下：①打开原图，如图 5 – 82 所示；②选择对象或区域，例如，按下 Ctrl + A 全部选择；③打开菜单"编辑 | 变换"，如图 5 – 83 所示，选择一种变换命令；④在选项栏中设置参数，一般情况下采用默认值；⑤在选框的控制点上或中心点拖按鼠标，或者移动鼠标指针到选框外边角上直到指针变为弯曲的双向箭头时拖按鼠标；⑥按 Enter 键或单击选项栏中的提交按钮应用变换，或者按 Esc 或单击选项栏中取消按钮放弃变换。

　　如果选择缩放变换，当鼠标移动到选框的控制点上时，指针变成双向箭头拖按鼠标，如图 5 – 84 所示，控制点指的是选框边线上以小方框标示的点。向外拖放是放大选框，向内拖放是缩小选框。拖动鼠标时按住 Shift 键可保持高度与宽度之比。缩放后效果图 5 – 85 所示。

图 5 –84　移动控制点上

图 5 –85　缩放后的效果

　　如果选择旋转变换，当鼠标移动到选框控制点外，指针变成弯曲双向箭头，如图 5 – 86 所示。然后围绕中心点顺时针或逆时针拖动鼠标。拖动鼠标时按 Shift 键可将旋转限制为按 15 度增量进行。旋转后效果如图 5 – 87 所示。

图 5 - 86 移动鼠标到控制点外

图 5 - 87 旋转后效果

如果选择斜切变换，当鼠标移动到选框的控制点上时，指针变成不带箭尾的实心箭头，如图 5 - 88 所示。只能沿着水平或垂直方向拖动鼠标，以使选框边倾斜。斜切后效果如图 5 - 89 所示。

图 5 - 88 将鼠标移动边框顶点上

图 5 - 89 斜切后效果

如果选择扭曲变换，当鼠标移动到选框的控制点上时，指针变成不带箭尾的实心箭头，如图 5 - 90 所示。可以沿着任何方向拖动控制点，向外拖是放大选框，向内拖是缩小选框。扭曲后效果如图 5 - 91 所示。

图 5 - 90 将鼠标移动到控制点上

图 5 - 91 扭曲后效果

如果选择透视变换，当鼠标移动到选框的边角控制点上时，指针变成不带箭尾的实心箭头，如图 5-92 所示。可以沿着边线方向拖按鼠标将选区呈对称式放大或缩小，应用透视后效果如图 5-93 所示。如果将鼠标移动到边框线中点，指针变成不带箭尾的实心箭头和较小的双向箭头，可以向两侧拖按鼠标使边框倾斜。如果将鼠标移动到选框内部，指针变成不带箭尾的实心箭头，可以拖按鼠标移动边框。

图 5-92 将鼠标移动到顶点上

图 5-93 应用透视后效果

如果选择变形变换，在选项栏中打开变形样式下拉列表框，如图 5-94 所示。选择一种变形方式，例如选择扇形，结果如图 5-95 所示。在扇形变换中，将原本由矩形组成的区域划分为不同的扇区，将边变为弧，按照直线排列的像素转变为按照弧线排列。

图 5-94 样式

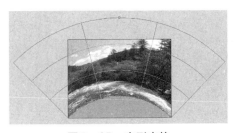

图 5-95 扇形变换

如果选择自定义变形，大区域被划分为许多网格的小区域，如图 5-96，网格内的控制点、线条或小区域都可以被移动或调整，以使网格内的像素重新排列或旋转。例如，拖动网格中的某些控制点的效果如图 5 - 97 所示。

图 5 - 96　形成网格

图 5 - 97　任意变形后效果

※ 5.5.3 翻转

翻转是将图像或区域以某个点或对称轴按照精确的角度进行旋转。在菜单"编辑 | 变换"中包括旋转 180 度、旋转 90 度（顺时针）、旋转 90 度（逆时针）、水平翻转和垂直翻转。

如果选择旋转 180 度，表明以图像或区域的外接圆圆心即中心点顺时针旋转半圈，如图 5 - 99 所示。如果选择旋转 90 度（顺时针），表明以图像或区域的中心点顺指针旋转 1/4 圈，如图 5 - 100 所示。如果选择旋转 90 度（逆时针），表明以图像或区域的中心点逆时针旋转 1/4 圈，如图 5 - 101 所示。如果选择水平翻转，表明以过图像或区域的中心点的垂直轴为对称轴作水平翻转，如图 5 - 102 所示。如果选择垂直翻转，表明以过图像或区域的中心点的水平轴为对称轴作垂直翻转，如图 5 - 103 所示。

图 5 - 98　原图

图 5 - 99　旋转 180 度

图 5 – 100　旋转 90 度（顺时针）

图 5 – 101　旋转 90 度（逆时针）

图 5 – 102　水平翻转

图 5 – 103　垂直翻转

◆ 5.6 自由变换

　　自由变换命令用于对图像或区域实行缩放、旋转、斜切、扭曲、透视和变形等变换操作，并且在完成一种变换操作后不必选择其他命令就可以实行另一种变换。只需通过快捷键就可以完成在不同变换类型之间进行切换，因此，在连续变换的操作环境中，自由变换更为高效。

　　自由变换的方法如下：①打开原图，如图 5 – 104 所示；②使用选框工具选择区域，例如，按下 Ctrl + A 进行全选；③选择菜单"编辑｜自由变换"命令，或者按下 Ctrl + T，选框上出现控制点，如图 5 – 105 所示；④拖按鼠标进行变换操作，如果需要更改变换类型，可以通过改变鼠标位置或者使用快捷键来进行切换；⑤按下 Enter 键或单击选项栏提交按钮来应用变换，或者按下 Esc 键或单击选项栏取消按钮来放弃变换。

图 5 -104　原图

图 5 -105　出现控制点

　　对于变换类型的选择，可以在不同的位置拖动鼠标指针或者在拖按鼠标时按下快捷键进行某种变换。当图像或区域出现了控制点，在选项栏中的参数就是可以控制变换的大小、角度等自由变换量的参数。自由变换选项栏如图 5 -106 所示。

| [icon] X: 398.0 px △ Y: 290.5 px | W: 100.0% | H: 100.0% | △ 0.0 度 H: 0.0 度 V: 0.0 度 |

图 5 -106　自由变换选项栏

　　如果将鼠标指针移到控制点上出现双向箭头，拖按鼠标进行缩放操作。在操作的同时按下 Shift 键可按比例缩放。如果需要指定数值进行精确缩放，在选项栏的宽度和高度文本框中输入百分比，可将图像或区域缩小放大到原来的多少倍。单击链接图标以保持长宽比。

　　如果将鼠标指针移到控制点之外直到出现弯曲双向箭头，拖按鼠标进行旋转操作。在操作的同时按下 Shift 键可按 15 度增量进行。如果需要指定角度进行精确旋转，在选项栏的旋转文本框中输入度数。

　　如果需要斜切，应该按住 Ctrl 键，将鼠标移到控制点上直到指针变为不带箭尾的空心箭头，然后沿着水平或垂直方向拖动鼠标。如果需要根据数字斜切，在选项栏的 H（水平斜切）和 V（垂直斜切）文本框中输入角度。

　　如果需要应用透视，应该按住 Ctrl + Alt + Shift 组合键，将鼠标移到控制点上直到指针变为不带箭尾的空心箭头，然后沿着水平或垂直方向拖动鼠标。如果需要精确透视，可以在选项栏中的宽度、高度、水平斜切或垂直斜切文本框中输入数值。

　　如果需要进行变形变换，在选项栏中选择"在自由变换和变形模式之间切换"按钮。图像或区域被划分成网格，拖动网格中控制点改变网格的形状。或者从选项栏中的变形下拉列表框选取一种变形类型。

如果需要更改图像或区域的中心点，将鼠标移到中心点上直到指针变成不带箭尾的实心箭头旁的小圆圈，拖按鼠标到期望位置，或者在选项栏中为 X（水平位置）和 Y（垂直位置）文本框输入新位置的坐标值。

◆ 5.7 填充对象

※ 5.7.1 填充

填充是用来在指定的选区中应用新的颜色内容，可以应用的填充的内容有前景色、背景色、从色板上选取颜色、图案、历史记录中的颜色、黑色、白色以及灰色。

使用填充的操作方法如下：①打开原图，创建选区；②选择菜单"编辑｜填充"命令，打开填充对话框，如图 5 – 107 所示；③在内容下拉列表框中选择一种填充内容，如图 5 – 108 所示；④单击确定命令；⑤通常情况下，可以按下 Alt + Delete 组合键填充前景色，按下 Ctrl + Delete 组合键填充背景色。

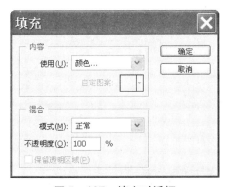

图 5 – 107　填充对话框

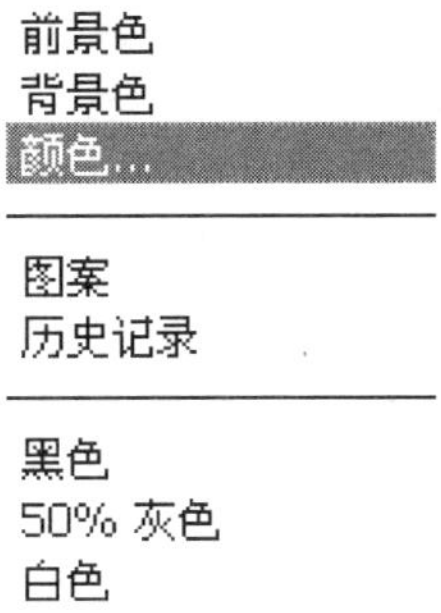

前景色
背景色
颜色…

图案
历史记录

黑色
50% 灰色
白色

图 5 – 108　填充内容

※ 5.7.2 渐变填充

渐变工具用来创建多种颜色间的逐渐变化以使填充区域。多种颜色间的逐渐变化称为渐变，可以从渐变预设管理器中选取一种渐变，或者在渐变编辑器中定义一种渐变。通过在图像或区域中拖按鼠标应用渐变填充，在填充时根据拖按鼠标移动指针的轨迹分配渐变中的颜色。

使用渐变工具的操作方法如下：①选择图像或者区域，如图 5 – 109 所示；②在工具箱中选择渐变工具，如图 5 – 110 所示；③在渐变工具选项栏中设置选项，如图 5 – 111 所示；④单击小三角形，打开渐变预设管理器，在渐变预设管理器中选取一种渐变或者通过渐变编辑器自定义一种渐变，如图 5 – 112 所示，在渐变预设管理中选取的是从前景色渐变到背景色；⑤设置渐变填充类型，例如选择线形渐变；⑥指定填充的混合模式，为不透明度输入百分比数值，例如，设置混合模式为正常，输入不透明度为 100%；⑦设置其他参数，一般情况下采用默认设置，如果需要将渐变中的颜色顺序反转，应该选择反向复选框；⑧在将要渐变填充的区域上拖按鼠标，根据填充类型将鼠标指针移动的路线对应到渐变颜色的顺序中。拖按时按下 Shift 键可以将线条角度限定为 45 度的倍数。例如，按下 Shift 键拖按鼠标从图中左侧到右侧拉线性渐变，效果如图 5 – 113 所示。

图 5 – 109　原图

图 5 – 110　渐变工具

图 5 – 111　渐变工具选项栏

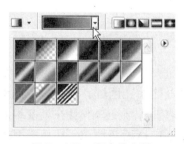

图 5 – 112　渐变拾色器

图 5 – 113　渐变填充效果

在渐变预设管理器中存储一些常用到的渐变以便快速应用，已经定义好的渐变颜色包括从前景色变化到背景色、前景色到透明色、黑色到白色、红色到绿色、蓝色到红色到黄色等两三种颜色间的渐变。通过选择预设管理器面板中的三角形按钮扩展菜单，如图 5－114 所示。如果选择新建渐变命令可以增加新的渐变到预设管理器中。如果选择删除渐变命令可以删除预设管理器中所选中的渐变。如果选择存储渐变命令可以将当前预设的渐变保存到渐变库中以便为其他用户提供共享。如果选择载入渐变命令可以将渐变库中的渐变添加到当前预设管理器中。如果选择预设管理器命令打开预设管理器，如图 5－115 所示。如果将渐变库文件放在默认安装路径下的"预置/渐变"文件夹中，在下次运行软件时渐变库名称将追加在菜单底部。

图 5－114　渐变菜单

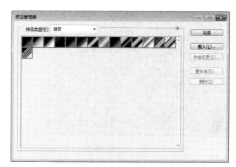

图 5－115　渐变预设管理器

在渐变选项栏中的渐变填充类型包括线性渐变、径向渐变、角度渐变、对称渐变和菱形渐变。如果将前景色到背景色的渐变的颜色顺序称为色带，线性渐变以直线方式分配色带颜色，区域中像素颜色由该像素在描边（拖按鼠标时指针移动路线）上的垂直投影所决定，投影点颜色就是在描边经伸缩与色带等长后，投影点对应到色带上的颜色。径向渐变以半径方式分配色带颜色，区域中像素颜色由该像素到描边起点的长度在整个描边中的位置所决定，该位置颜色就是在描边伸缩后与色带等长所对应到色带上的颜色，如图 5－116 所示。角度渐变以围绕起点的角度分配色带颜色，区域中像素颜色由该像素与起点连接的直线与描边之间的角度决定的，该角度的颜色就是以逆时针方式计算该角度在 360 度所占比例，然后将比例从小到大的变化映射到色带的左侧到右侧的变化，如图 5－117 所示。对称渐变使用对称的线性渐变，如图 5－118 所示。菱形渐变以菱形方式分配色带上的颜色，区域中像素颜色由该像素与起点的距离投影到描边上的点决定，投影点颜色就是在描边经伸缩与色带等长后，投影点对应到色带上的颜色，如图 5－119 所示。

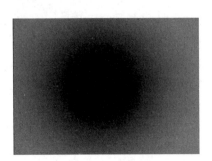

图 5 –116 径向渐变

图 5 –117 角度渐变

图 5 –118 对称渐变

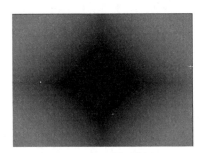

图 5 –119 菱形渐变

　　渐变颜色既可以从渐变预设管理器中选取一种渐变，也可以通过渐变编辑器自定义渐变。渐变编辑器对话框可用于通过修改现有渐变的颜色来定义新渐变。还可以向渐变添加中间色，在两种以上的颜色间创建颜色变化。

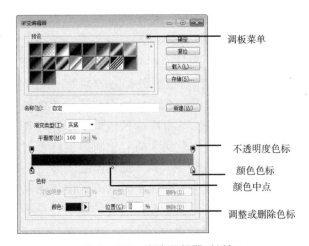

图 5 –120 渐变编辑器对话框

使用渐变编辑器创建新的渐变方法如下：①在工具箱中选择渐变工具；②在选项栏上单击渐变色带，打开渐变编辑器，如图 5 – 120 所示；③如果要使新渐变基于现有渐变，请在对话框的预设管理器中选择一种渐变，例如选择从前景色到背景色的渐变；④在名称文本框中输入字符，给新渐变命名；⑤从渐变类型下拉列表框中选择实底类型；⑥在平滑度文本框输入百分比数值，该值越大意味颜色变化越平缓；⑦设置颜色色标和不透明度色标，色标是色带上滑块，例如左侧色标表示渐变的起始颜色；⑧增加或删除颜色色标或不透明度色标；⑨调整颜色中点或不透明度中点位置；⑩完成后单击新建按钮。

如果需要为色标设置新的颜色，可以双击色标，打开选择色标颜色对话框，选取一种颜色，如图 5 – 121 所示。或者单击色标，该色标上方的三角形将变黑，表明正在编辑此色标，在下方调整区中打开颜色弹出式菜单。如果需要设置不透明度色标，单击不透明度色标，在下方调整区中的不透明度文本框中输入不透明度，或者拖动滑块，如图 5 – 122 所示。

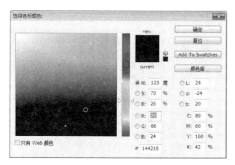

图 5 – 121　为色标选取颜色

图 5 – 122　设置不透明度色标

如果需要在色带中增加色标以定义多种颜色，在色带的某位置下方单击鼠标以增加一个新的颜色色标，在上方单击鼠标以增加不透明度色标，如图 5 – 123 所示。如果需要调整色标的位置，可以鼠标拖按色标到指定位置，也可以在单击色标后在调整区中的位置文本框输入数值，如果值是 0%，色标会在色带的最左端，如果值是 100%，色标会在色带的最右端。如果需要调整颜色中点的位置，在此处两种颜色均匀混合，应该拖按色带下方图标为菱形块的颜色中点到指定位置，或者单击菱形，在下方调整区中的位置文本框输入数值。如果需要删除色标，可以单击色标，然后在调整区中单击删除按钮，或者将色标拖离色带直到消失。完成新渐变的定义后单击新建按钮，新的渐变出现在预设管理器中。如图 5 – 124 所示。

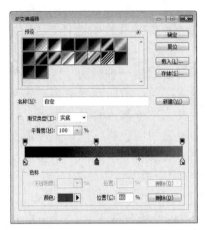
图5-123 添加色标

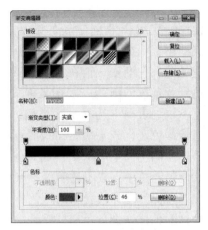
图5-124 新建渐变

实底渐变中的颜色变化是平滑的，是在不断降低一种颜色的饱和度以后，再逐渐增加另一种颜色饱和度。与实底渐变截然不同的是杂色渐变，它包含颜色的随机分布的变化，如图5-125、5-126所示。

图5-125 粗糙度为100%

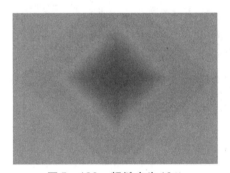
图5-126 粗糙度为10%

使用杂色渐变的方法与实底渐变相同，不同的是渐变颜色的编辑。在渐变工具选项栏打开渐变编辑器，在预设管理器中选择一种渐变，在渐变类型下拉列表框中选择杂色，如图5-127所示。在粗糙度文本框中输入百分比数值，该值越低越接近实底渐变。在颜色模型下拉列表框中选择一种模型，拖动颜色分量滑块，定义变化颜色的主色调，调整可接受颜色范围。

图 5 – 127　杂色渐变

　　在杂色渐变编辑器的选项组中设置选项，如果选择限制颜色选项，可以防止颜色过饱和。如果选择增加透明度，可以向渐变中添加透明杂色。如果单击随机化按钮，则可以随机产生符合设置的渐变，也可以一直单击随机化按钮，直至产生所需的渐变颜色。完成相关设置后，在名称文本框为渐变命名，单击新建按钮。

第 6 章　图层

　　图层是 Photoshop 的重要特征之一，很多绘画和修改工具操作的对象是图层中的区域。对于连续操作来说，如果将时间上连续操作的对象限定在一个图层当中，这样修改起来变得非常不易。例如，在一个透明图层上创建三个区域，对该图层的第一个区域先应用画笔绘画，接着对第二个区域使用填充前景色，最后对第三个区域运用渐变填充，后来发现仅在第一个区域应用绘画的颜色是错误的，如果需要修改此类错误，只能在历史记录调板中恢复到应用画笔绘画之前的状态，连同填充和渐变填充等正确的操作也被撤消了，无形当中增加了修改的难度和降低了效率。

　　如果将时间上具有先后连续性的画笔绘画、填充前景色和渐变填充分别应用到三个透明图层上，从空间上离散的多个图层切割了时间上的连续性。不管是哪个操作出错，修改仅限于出错操作本身，与其他任何操作无关。因此，图层能够提高对图像处理的效率，易于修改，而且对于大多数非破坏性图像编辑是必需的。还可以通过图层关联非像素类型的操作，例如向图像中添加文字或者添加矢量图像。还可以通过图层样式为像素增添特殊效果，例如投影、阴影和发光等效果。

◆ 6.1 图层调板

　　Photoshop 图层就如同将一些部分可以透明的纸堆叠放在一起，如图 6-1 和 6-2 所示。每个图层包含非透明像素和透明像素，三个图层的总像素面积相等。最下方的图层的非透明像素面积是最大的，中间其次，上方图层最小。可以透过上方图层的透明像素区域看到下方的图层。

图 6-1　图层的透明部分

图 6-2　三个图层的图像

　　位于软件工作窗口的右侧的图层调板包含了大部分对图层操作的命令，例如，显示所有图层、隐藏图层、新建图层、创建图层效果、调整混合模式、更改不透明度、创建蒙板、链接图层、管理图层等。如果需要打开图层调板，选择菜单"窗口 | 图层"命令，或者按下快捷键 F7，图层调板如图 6-3 所示。

图 6-3　图层调板

图 6-4　隐藏图层

图 6-5　隐藏图层后的文档窗口

如果需要隐藏某图层，应该在可见性复选框中单击鼠标，有眼睛图标表示可见，而无眼睛图标表示隐藏。例如，在图层 1 左侧单击鼠标，如图 6-4 所示，文档窗口如图 6-5 所示。如果需要打开图层调板菜单，应该单击调板中的小三角形按钮。如果需要更改缩略图大小，在图层调板菜单中选择调板选项命令。

在背景图层后面有把锁表示图层已锁定，不能进行移动操作。当选择背景图层后，混合模式、不透明度、锁定状态参数都变成灰色，意味着是不能修改的，此外，背景层的不透明度也不能调整。因此，背景图层有很多操作限制，一幅图像中只能有一个背景图层，可以通过将背景图层重新命名为其他名称，将其转换为常规图层。鼠标双击背景图层名称，打开新建图层对话框，输入新的名称，单击确定完成转换。

◆ 6.2 创建、选择和移动图层

※ 6.2.1 创建图层

有三种方法可以创建新图层或组：选择菜单"图层 | 新建 | 图层"或"组"命令；选择图层调板菜单中的新建图层或新建组命令，或者单击图层调板下方的新建图层或新建组按钮。新图层位于当前选定的图层上方，并且名称为默认的图层 1、图层 2 等。如果在单击图层调板中的新建图层按钮的同时按下 Ctrl 键，新图层出现在当前图层下方。如果需要为图层指定名称，可以在单击图层调板中的新建图层按钮的同时按下 Alt 键，在创建新图层前显示新建图层对话框，如图 6-6 所示。在对话框中输入参数，单击确定。

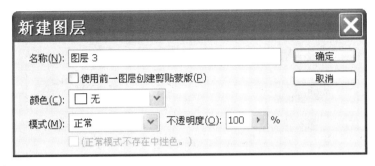

图 6 – 6　新建图层对话框

还可以将选区里的内容通过复制或剪切的方式创建新图层，方法如下：①建立选区；②选择菜单"图层｜新建｜通过拷贝的图层"命令，将选区内容的副本复制到新图层中，或者选择"图层｜新建｜通过剪切的图层"命令，将选区内容剪切到新图层中。

还可以通过复制图层的方法创建新图层。方法如下：①在图层调板中选择一个图层；②拖动图层名称或缩略图到新建图层按钮上，新图层的默认名称为旧名副本；③如果需要将图层复制到其他文档，可以鼠标右击图层名称或者打开图层调板菜单，选择复制图层命令，打开复制图层对话框，输入名称，指定将新图层复制到其他文档的文档名称。

※ 6.2.2 选择图层

对于一些修改像素颜色的操作，仅需要选择一个图层作为当前图层，例如应用画笔描边绘画等操作。但是对于一些移动位于不同图层的多个对象的操作，则需要同时选择多个图层才能完成操作。

如果需要选择多个在图层调板中顺序连续的图层，可以在图层调板中单击第一个图层，然后按住 Shift 键单击最后一个图层，如图 6 – 7 所示。如果需要选择多个在图层调板中顺序为不连续的图层，按住 Ctrl 键的同时单击所需图层的图层名称，如图 6 – 8 所示。

图 6-7　按下 Shift 连续多选

图 6-8　按下 Ctrl 不连续多选

也可以通过移动工具在文档窗口自动选择图层，方法如下：①在工具箱选择移动工具，如图 6-9 所示；②在移动工具选项栏中选择自动选择图层；③在文档窗口中单击要选择的对象，在图层调板中自动地将当前图层切换到包含鼠标指针指向的像素颜色的最上方图层，如图 6-10 所示。

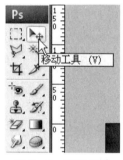

图 6-9　移动工具

图 6-10　自动选择图层

图 6-11　移动工具选项栏

如图 6-11 所示，在移动工具选项栏中，显示变换控件选项用来通过对象选框控制点变换对象或选区。对齐方式选项指定多个图层或对象某种位置一致。顶对齐选项将所有选定图层按照最顶端方式对齐。垂直居中对齐选项将所有选定图层按照垂直中心方式对齐。底对齐选项将所有选定的图层按照底端方式对齐。左对齐选项将所有选定的图层按照最左端方式对齐。水平居中对齐选项将所有选定的图层按照水平中心方式对齐。右对齐选项将所有选定的图层按照最右端方式对齐。

在移动工具选项栏中，分布方式选项指定多个图层或对象的某种均匀间隔。

按顶分布选项表明从每个图层的顶端像素开始，间隔均匀地分布图层。垂直居中分布选项表明从每个图层的垂直中心像素开始，间隔均匀地分布图层。按底分布选项表明从每个图层的底端像素开始，间隔匀均地分布图层。按左分布选项表明从每个图层的左端像素开始，间隔均匀地分布图层。水平居中分布选项表明从每个图层的水平中心开始，间隔均匀地分布图层。按右分布选项表明从每个图层的右端像素开始，间隔均匀地分布图层。

※ 6.2.3 移动图层

如果需要移动图层顺序，可以在图层调板中，选择将要移动的图层，当鼠标指针变为手抓形时，拖按鼠标到目标位置后释放鼠标按钮，如图 6 – 12 所示。或者选择菜单"图层 | 排列"中的命令，如图 6 – 13 所示。

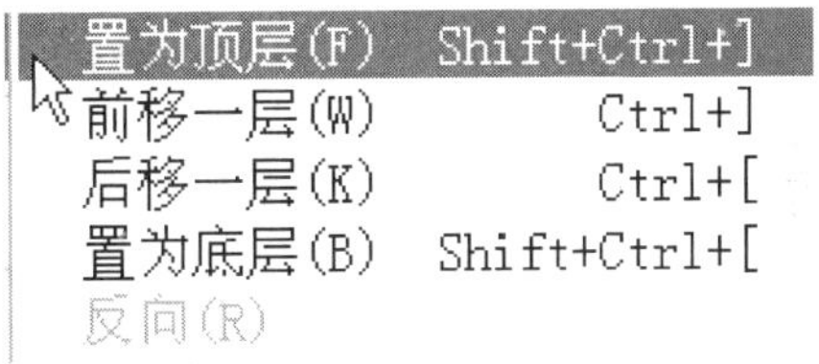

置为顶层(F)   Shift+Ctrl+]
前移一层(W)   Ctrl+]
后移一层(K)   Ctrl+[
置为底层(B)   Shift+Ctrl+[
反向(R)

图 6 – 13　排列图层

图 6 – 12　拖移图层调整顺序

如果需要移动图层的对象，操作方法如下：①在图层调板中选择将要移动的对象所在的图层；②在工具箱中选择移动工具；③ 向期望方向拖按鼠标，或者按下键盘上的方向键缓慢移动对象。

如果需要同时移动或变换位于不同图层的多个对象，除了可以先选择多个图层而后移动或变换，还可以将这些图层设置为链接图层。链接图层在取消链接之前一直保持联系，因此在以后的移动操作中，不再需要选择多个图层，只需选择相互链接的多个图层其中之一。

可以链接两个以上图层，操作方法如下：①在图层调板中选择需要链接的图层；②单击图层调板下方的链接按钮；③如果需要取消某个设置链接的图层，选取该链接图层，然后单击图层调板下方链接按钮。

为了防止图层被意外修改，可以为图层设置锁定以禁止修改，从而实现对部分或全部像素的保护。图层锁定后，图层名称的右边会出现一个锁标志。可以锁定的内容包括透明像素、图像像素、位置和全部锁定，如图 6 – 14 所示。

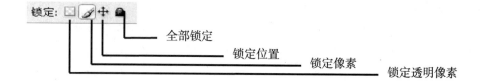

图 6 –14　锁定图层

　　如果选择一个图层，在图层调板中单击全部锁定按钮，表明图层被完全锁定，不能移动、不能绘画，这时的锁图标是实心的，如图 6 – 15 所示。如果选择一个图层，在图层调板中单击锁定透明度按钮，表明不能编辑图像中的透明像素。如果选择一个图层，在图层调板中单击锁定图像像素按钮，表明不能更改图像中的像素颜色。如果选择一个图层，在图层调板中单击锁定位置按钮，表明不能移动任何像素位置。当图层被部分锁定时，锁图标是空心的，如图 6 – 16 所示。如果需要取消锁定，选择锁定状态的图层，单击与锁定类型一致的锁定按钮，这样就取消了相应的锁定。

图 6 –15　完全锁定

图 6 –16　部分锁定

◆ 6.3 设置不透明度和混合模式

※ 6.3.1 指定图层的不透明度

　　图层的不透明度用来确定图层透光的程度。如果不透明度为 0%，表明透光的程度达到 100%，图层看起来完全透明的。如果不透明度为 100%，表明完全不透光，图层看起来是完全不透明的。如果不透明度为 0% ~ 100% 之间，表明部分透明部分不透明。对图层的不透明度的修改，可以调整遮蔽下方图层的程度。但是不能修改背景图层或锁定图层的不透明度。可以在图层调板的不透明度文本框中输入不透明度值，或者拖动不透明度弹出式滑块来为图层设置不透明度。

图 6 - 17　不透明度为 90％ 和 80％

图 6 - 18　不透明度为 30％ 和 20％

　　在图 6 - 17 中，背景图层为稻田，不透明度是 100％ 。图层 1 为桃花，不透明度为 90％ 。图层 2 为树木，不透明度为 80％ 。在图 6 - 18 中，背景图层的不透明度仍然是 100％ ，而图层 1 的不透明度为 30％ ，图层 2 的不透明度为 20％ 。对比两图可以看出，随着不透明度的降低，上层图像显示自身的越少，而显示下方图层的越多。

　　图层不透明度不但影响绘制像素的不透明度，而且还影响由常规图层所产生的效果图层的不透明度。例如，在图 6 - 19 中，为图层添加投影效果。降低图层 1 的不透明度为 20％ ，结果如图 6 - 20 所示，在图层 1 变得较为透明的同时，图层 1 的效果图层也变得较为透明。如果仅希望图层 1 变得透明而效果图层透明度不变，可以通过设置填充不透明度。在图 6 - 21 中，图层不透明度为 100％ ，填充不透明度为 20％ 。在图 6 - 22 中，图层不透明度为 100％ ，填充不透明度为 0％ ，常规图层变得完全透明后并未影响效果图层的不透明度。可以在图层调板的填充不透明度文本框中输入填充不透明度值，或者拖动填充不透明度弹出式滑块。

图 6-19　为图层 1 添加投影

图 6-20　图层 1 的不透明度为 20%

图 6-21　图层 1 的填充不透明度为 20%　　图 6-22　图层 1 的填充不透明度为 0%

※ 6.3.2 设置混合模式

图层的混合模式用来指定当前图层中的像素与下方图层像素的混合方式以创建不同的显示效果。与画笔的混合模式用法相同，在图层的混合模式应用中，将下方图层颜色定义为基色，将当前图层颜色定义为混合色，而用户看到的颜色为结果色。不同的混合模式决定了结果色反映基色和混合色程度的不同。

以实例说明混合模式对显示效果的影响。在图 6-23 中，图层 1 的混合模式为变暗，图层 2 的混合模式为正片叠底。在图 6-24 中，图层 1 的混合模式为颜色加深，图层 2 的混合模式为线性加深。

图 6-23　变暗和正片叠底

图 6-24　颜色加深和线性加深

在图 6-25 中，图层 1 的混合模式为变亮，图层 2 的混合模式为滤色。在图 6-26 中，图层 1 的混合模式为颜色减淡，图层 2 的混合模式为线性减淡。

图 6-25　变亮和滤色

图 6-26　颜色减淡和线性减淡

在图 6-27 中，图层 1 的混合模式为叠加，图层 2 的混合模式为柔光。在图 6-28 中，图层 1 的混合模式为强光，在图层 2 的混合模式为亮光。

图 6-27　叠加和柔光

图 6-28　强光和亮光

在图 6-29 中，图层 1 的混合模式为线性光，图层 2 的混合模式为点光。在图 6-30 中，图层 1 的混合模式为实色混合，图层 2 的混合模式为差值。

图 6-29　线性光和点光

图 6-30　实色混合和差值

在图 6－31 中，图层 1 的混合模式为排除，图层 2 的混合模式为色相。在图 6－32 中，图层 1 的混合模式为饱和度，图层 2 的混合模式为亮度。

图 6－31　排除和色相

图 6－32　饱和度和亮度

在图 6－33 中，图层 1 的混合模式为深色，图层 2 的混合模式为浅色。在图 6－34 中，图层 1 和图层 2 的混合模式都为颜色。

图 6－33　深色和浅色

图 6－34　颜色

如果需要将多个图层合并，在图层调板中选择需要合并的图层，然后鼠标右击打开快捷菜单，或者打开图层菜单，选择合并图层命令，如图 6－35 所示。

图 6－35　合并图层

◆ 6.4 图层效果和样式

图层效果是指对基础图层按照某种方式所产生的效果。例如，将基础图层以某个角度投射产生投影，将光源引入到环境中使得基础图层反射部分光，因而产生发光效果等。Photoshop 提供了投影、阴影、发光、斜面和浮雕、光泽和叠加等效果。将产生效果的空间称之为效果图层，效果图层依赖基础图层。并非像两个常规图层保持相互独立，而是效果图层与基础图层保持链接，移动或编辑基础图层中的像素，修改的部分同样会影响到效果图层中的相应部分。例如，如果使用画笔进行绘画描边，不但在基础图层中增添描边，而且在效果图层上也会增添描边的投影。在图 6－36 中，对图层应用了投影、斜面和浮雕效果。在图层调板中可以显示图层所应用的效果，如图 6－37 所示。

图 6 –36 应用投影、斜面和浮雕效果的 logo

图 6 –37 图层调板中的效果

图层样式是指对基础图层应用效果的组合，既可以对基础图层只应用一种效果，也可以应用多种效果。与画笔工具、渐变工具一样，应用样式既可以从预设样式中选取，也可以由用户自己定义样式。

如果需要从预设样式中选取样式，应该打开样式调板，从中选取单击鼠标或者将其拖动到当前图层，便可将该样式应用到当前图层，如图6-38所示。一般情况下，应用样式将会替换当前的图层样式。如果希望将选取的样式追加到当前图层样式中，应该在样式调板中鼠标单击选取或者拖动到当前图层上的同时按下 Shift 键。如果需要在不同的图层之间复制样式，按住 Alt 键，在图层调板中将效果标志从一个图层拖往另一个图层。在样式调板中，按照不同用途进行分类，例如，一般样式预设包括应用于按钮的样式和应用于文本的样式等。

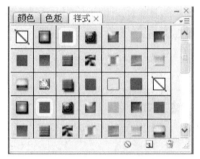

图6-38 样式调板

图6-39 样式调板菜单

也可以将当前图层样式存储到样式预设中。单击样式调板中的小三角形，打开样式调板菜单，如图6-39所示。选择存储样式命令，打开存储样式对话框，输入名称。单击确定后，该样式出现样式调板的尾部。还可以使用别人定义的样式。将样式文件下载到本地磁盘，然后在样式调板菜单中选择载入样式，打开载入对话框，选取样式文件。

可以在图层调板中展开样式，以便查看或编辑样式中的效果，图层效果图标将出现在图层调板中的图层名称的右侧。

如果需要修改当前样式，或者需要自定义样式，应该选定图层，在图层调板下方单击添加图层样式按钮。如图6-40所示，选择混合选项，打开图层样式对话框，如图6-41所示。对话框左侧是效果选项组，右侧是某一选项组的相关选项参数设置。如果单击左侧选项组的复选框，可以选择当前该选项组的默认设置，但不显示相关参数。如果需要显示相关设置并进行新的设置，应该单击选项组名称。

图 6-40　添加样式

图 6-41　图层样式对话框

在添加样式菜单中或者图层样式对话框左侧选项组中的是自定义样式可以包含的一种或多种效果。投影效果用于在图层内容的后面添加阴影，阴影相对于图层内容处于外部并呈现一定方向，如图 6-42 所示。内阴影效果用于在紧靠图层内容的边缘内添加阴影，阴影相对于图层内容处于内部并呈现一定方向，使图层具有凹陷外观，如图 6-43 所示。

图 6-42　投影效果

图 6-43　内阴影效果

外发光效果用于在图层内容的外边缘添加光源效果，发光的效果位于边缘外侧，在图 6-44 中，将光源设置为绿色。内发光效果用于在图层内容的内边缘添加光源效果，发光的效果位于边缘内侧，在图 6-45 中，将光源设置为绿色。

图 6 –44　外发光效果

图 6 –45　内发光效果

　　斜面和浮雕效果用于在图层内容的边缘的一侧应用高光效果而在相反的一侧应用阴影效果，并尝试添加高光与阴影的各种组合以使图层看起来具有立体感，如图 6 –46 所示，高光部分表明在高处光照强，而阴影部分表明在低处光照少。光泽效果用于在外边缘创建光泽，而在内部创建阴影效果，如图 6 – 47 所示。

图 6 –46　斜面和浮雕效果

图 6 –47　光泽效果

　　颜色叠加效果用于将指定颜色填充到效果图层中，更改填充不透明度将影响基础图层的不透明度，但不会影响效果图层的不透明度，如图 6 – 48 所示。渐变叠加效果用于将渐变预设管理器中选取的一种渐变颜色填充到效果图层内容中，更改填充不透明度将影响基础图层的不透明度，但不会影响效果图层的不透明度，如图 6 –49 所示。

图 6 – 48　颜色叠加效果　　　　　　　图 6 – 49　渐变叠加效果

　　图案叠加效果用于将图案纹理预设管理器中选取的一种图案填充到效果图层内容中，如图 6 – 50 所示。描边效果用于在效果图层上将选定的颜色、渐变或图案描画到对象的轮廓上，如图 6 – 51 所示。不能在背景图层上应用图层样式，如果需要应用样式，应该将背景图层转换为常规图层，在常规图层上应用样式后再转换回为背景图层。

图 6 – 50　图案叠加效果　　　　　　　图 6 – 51　描边效果

　　在图层样式对话框左侧选择某个选项组，右侧出现该选项组的相关参数。对于不同选项组，有些参数是相同的，有些参数是不同的。这些参数控制效果产生的位置和颜色。
　　在混合选项选项组中，混合模式用来确定效果图层与下层图层的混合方式。如果效果图层产生在当前图层上方，混合模式指定的是效果图层与当前图层的上方图层的混合方式。如果效果图层产生在当前图层的下方，混合模式指定的是效果图层与当前图层的下方图层的混合方式。例如，内阴影与当前图层混合，投影与下方图层混合。一般情况下，该选项采用默认设置。
　　角度选项设置环境中光源照射当前图层的角度。距离选项指定效果与基础图层中产生该效果的像素的偏移位置。扩展选项用来模糊效果的边界，数值越大效果面积越大。大小选项用来控制模糊的程度，数值越大意味着越模糊。阴影颜色选项指定阴影的颜色，通常为黑色。使用全局光选项用来确定所有的效果均来源于同一光源，如果取消全局光，则意味着使用仅影响当前效果的局部光源。不透明度选项指定效果图层的不透明度。杂色选项指定发光或阴影的不透明度中随机元素的数量。图层挖空选项指定在降低填充不透明度的情况下当前图层可以穿透的效果。

在斜面和浮雕选项组中，样式选项指定斜面样式。如果选择内斜面，表示在当前图层内容的内边缘上创建斜面。如果选择外斜面，表示在当前图层内容的外边缘上创建斜面。深度选项指定斜面深度，数值越大斜面越长。高度选项用来确定光源的高度，值为 0 表示在底边，值为 90 表示在图层的正上方。

◆ 6.5 调整图像颜色和色调

※ 6.5.1 色阶

色阶用来定义并调整图层中的阴影、中间调和高光区域。阴影是指图像中任何像素亮度值偏暗的区域，高光是指图像中任何像素亮度值偏亮的区域，中间调是指图像中任何像素亮度值位于高光和阴影之间的区域。色阶将像素亮度划分为从 0～255 级，亮度值位于 0 附近的阴影区域称为黑场，亮度值位于 128 附近的中间调区域称为灰场，亮度值位于 255 附近的高光区域称为白场，通过色阶对话框可以调整阴影、中间调和高光的亮度级别，以平衡图层的色调范围。

打开图像，如图 6-52 所示。选择菜单"图像 | 调整 | 色阶"命令，或者选择菜单"图层 | 新建调整图层 | 色阶"命令，打开色阶对话框，如图 6-53 所示。在输入色阶中有黑色滑块、灰色滑块和白色滑块，分别对应黑场、灰场和白场。而在输出色阶中有黑色滑块和白色滑块，黑色滑块对应色阶 0，表示像素完全黑，白色滑块对应色阶为 255，表示完全白。

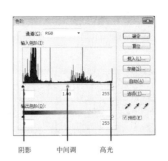

图 6 - 52　原图

图 6 - 53　色阶对话框

　　如果图像中某像素亮度值为 50，在色阶对话框用输入色阶分布图来表示，它的位置是横坐标为 50 的柱状线中的一点，柱状线的高度即纵坐标的含义为全图中亮度为 50 的像素数量。色阶 0 ~ 50 的分布面积就是图像中所有亮度低于 50 的像素数量，而色阶 0 ~ 255 的分布面积就是图像的像素总量。在调整之前的色阶对话框中的输入色阶的色阶和输出色阶的色阶是一致的，即该像素在输入色阶中是 50，对应到输入色阶也是 50，也就是没有任何改变。

　　如果将输入色阶中的黑色滑块向右拖移到 50，或者在下方文本框输入 50，则表明图像中所有亮度为 0 ~ 50 的像素对应到输出色阶的黑色滑块，意思是将这些像素变成全黑。或者换言之，将所有低于色阶 50 的像素都映射到色阶 0。图 6 - 52 是未调整色阶之前的图像，图 6 - 54 是将输入色阶黑场调整到色阶 50 的效果。而从输入色阶 0 ~ 128 映射到 0，如图 6 - 55 所示。

图 6 - 54　色阶 50 映射到 0

图 6 - 55　色阶 128 映射到 0

　　如果将输入色阶的白色滑块向左移动到 205，或者在下方文本框中输入 205，则表明图像中所有亮度为 205 ~ 255 的像素对应到输出色阶的白色滑块，意思是将这些像素变成全白。或者换言之，将所有高于色阶 205 的像素都映射到色阶

255。效果如图 6 – 56 所示。而将输入色阶 128 ~ 255 映射到 255，如图 6 – 57 所示。

图 6 –56　色阶 205 映射到 255　　　　图 6 –57　色阶 128 映射到 255

　　如果将输入色阶的灰色滑块向右移动到 0.2，或者在下方文本框中输入 0.2，则表明图像中所有亮度高于 128 的部分色阶映射到较低的 128。图像中相对较亮的一些灰色变暗，如图 6 –58 所示。如果将输入色阶的灰色滑块向左移动到 5，或者在下方文本框中输入 5，则表明图像中所有亮度低于 128 的部分色阶映射到较高的 128。图像中相对较暗的一些灰色变亮，如图 6 –59 所示。

图 6 –58　高于 128 的色阶映射到 128　　　图 6 –59　低于 128 的色阶映射到 128

　　在色阶对话框中，向右调整输出色阶的左边黑色滑块，或者在下方文本框输入一个数值，使全部像素亮度增加一个相同的亮度值。向左调整输出色阶的右边白色滑块，或者在下方文本框输入一个数值，使全部像素亮度减少一个相同的亮度值。

※ 6.5.2 色相/饱和度

色相/饱和度用来调整图像中的所有像素的色相、饱和度和亮度，也可以调

整图像中颜色分量的色相、饱和度和亮度。选择菜单"图像 | 调整 | 色相/ 饱和度"命令，打开色相/饱和度对话框，如图 6 – 60 所示。

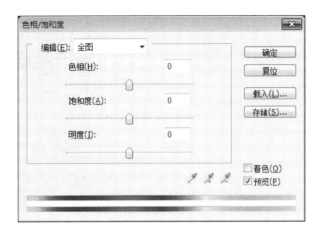

图 6 –60 色相/饱和度对话框

如果需要调整图像中所有像素的色相，在色相文本框中输入一个介于 – 180 ~ +180 的数值，或者拖移滑块。如果是正值，表明将原色相值顺时针旋转，如果是负数，表明将原色相逆时针旋转。

如果需要调整图像中所有像素的饱和度，在饱和度文本框中输入一个介于 –100 ~ +100 的数值，或者拖动滑块。如果是正值，表明饱和度增加部分的百分比，如果是负数，表明饱和度降低部分的百分比。

如果需要调整图像中所有像素的亮度，在明度文本框中输入一个介于 –100 ~ +100 的数值，或者拖动滑块。如果是正值，表明向颜色中添加白色的百分比，如果是负数，表明向颜色中添加黑色的百分比。

◆ 6.6 调整图层和填充图层

调整图层用来对图层的颜色进行某种方式的更改，只影响外观而不会永久地更改像素颜色值。在图层调板下方单击创建新的填充或调整图层，如图 6 – 61 所示。菜单中的第一组为创建填充图层，后面的为创建调整图层。例如，在菜单中先后选取渐变和色相/饱和度命令，则可以创建渐变填充图层和色相/饱和度调整图层，图层调板如图 6 – 62 所示。调整图层来调整外观显示，而不是直接在图像上修改，外观的改变存储在调整图层中，影响到下面的所有的图层的显示。如果以后不需要外观的调整，可以直接扔掉调整图层恢复原始图像。

添加渐变和色相/饱和度调整图层效果如图 6－63 所示，添加了色阶调整图层效果如图 6－64 所示。

图 6－61　调整图层菜单　　　　　　　　图 6－62　调整图层调板

图 6－63　渐变和色相/饱和度调整图层　　　图 6－64　色阶调整图层

调整图层菜单中的命令与菜单"图像｜调整"中的命令相同，后者中的命令用于直接修改图层中的像素。在调整图层菜单的第一组中的命令是使用纯色、渐变或图案来创建填充图层。

调整图层和填充图层具有与常规图层相同的不透明度和混合模式选项。对调整图层和填充图层的处理与常规图层一样。如果需要将调整图层或填充图层的效果限制在选定区域内，应该建立一个选区。然后再创建的调整图层和填充图层受到图层蒙版限制，在默认情况下，调整图层和填充图层有图层蒙版，蒙版图标位于图层缩览图的左边。

◆ 6.7 蒙版图层

蒙版用来在处理图层时隐藏当前图层部分区域并显示下方图层的部分区域，如同一张半透明纸盖在图层上，可以对非编辑区域进行保护。前文所述的调整图层中也有蒙版，它的作用范围可以影响到所有图层，而图层蒙版只影响当前图层。

图层蒙版用灰度来表示可见性，蒙版中的白色区域表示完全显示当前图层中的相应区域，黑色区域表示完全不显示当前图层中的相应区域，而灰色区域表示以一定的透明度显示当前图层的相应区域。使用蒙版对图像进行编辑，可以随时扔掉蒙版来恢复，重新编辑。

使用图层蒙版的方法如下：①打开一个具有两个以上图层的图像，如图 6－65所示；②在图层面板中选取图层 1，单击图层面板下方的添加图层蒙版按钮，如图 6－66 、6－67 所示；③在蒙版缩略图上单击鼠标，不可单击图层缩略图，否则修改的就是图层像素；④在键盘上按下 D，将前景色设置为黑色，背景色为白色；⑤在工具箱中选择渐变工具，从渐变预设管理器中选取从前景色到背景色的渐变；⑥从图层 1 中的对象的左侧拖按鼠标到右侧，即在 Cupl 标志上拉线形渐变，此时图层面板如图 6－68 所示，效果如图 6－69 所示。

图 6－65　原图

图 6－66　图层面板

图6-67 为图层1添加蒙版

图6-68 图层蒙版

图6-69 蒙版效果

图6-70 完全可见的蒙版

从应用了蒙版的图层面板中可以看到，左边是白色，中间是灰色，而右边是灰色。对应到图层1上的对象区域就是左边完全没有遮蔽，中间部分遮蔽，右边则是完全遮蔽。对应到下方图层即背景图层的可见性正相反，背景图层的对象区域的左边是完全遮蔽，中间部分遮蔽，而右边是完全显示。

在图层面板中，按下 Ctrl 单击图层1缩略图，可创建包含对象的选区，然后单击下方添加图层蒙版按钮，如图6-70所示。这表明对象是完全可见的，而对象外是不可见的。

在选取蒙版缩略图的情况下，既可以通过填充纯色调整蒙版的灰度，也可以通过填充渐变颜色来改变蒙版的灰度，还可以使用画笔进行绘画描边来调整。在图6-71中，蒙版的灰度值改变为50%，效果如图6-72所示。如果不再需要蒙版，可以在图层面板中，鼠标右击蒙版缩略图，可以选择删除图层蒙版命令，或者选择停用图层蒙版命令。

图 6-71　50%灰度的蒙版图层

图 6-72　50%灰度蒙版的效果

第 7 章　文字

在图像处理中需要制作文字形状的图案，这些文字并不是用画笔绘画描边的手写字，而是由计算机系统字库当中基于矢量轮廓的字体经过转换成为图像中的像素。这些字符包括字母、数字、一些国家文字等，用户可以向文本编辑软件那样在 Photoshop 输入文字，然后将其栅格化或常规图层并应用面向像素的修改。

◆ 7.1 创建文字

如果需要创建文字，应该打开文本编辑器。在工具箱中选择文字工具组，包括横排文字工具、直排文字工具、横排文字蒙版工具和直排文字蒙版工具，如图 7－1 所示。横排和直排指的是文字的排列方向。文字工具是创建字符形状的矢量，文字蒙版工具是创建文字字符形状的选区。可以以两种方法输入文字，以点文本方式和以段落文本方式。

图 7－1　文字工具

图 7－2　文字图层

如果需要以点文本方式输入文字，应该在文字工具组中单击横排文字工具，在文档窗口中单击鼠标，输入焦点进入到文字图层中，光标在图层上闪烁，这表明可以接受键盘的字符输入，可以直接输入字母和数字，也可以打开输入法输入中文等。在图层调板中会出现一个文字图层，如图 7-2 所示。以点文本方式输入的字符不会受到边框的限制，如果不按下 Enter 键，会继续在当前行一直排列，不会换行。即使按下 Enter 键仅作换行，而不会分段，也就是不会形成段落，不能设置只有段落才具有的格式。以点文本方式编辑字符如图 7-4 所示。

图 7-3　单击鼠标输入焦点

图 7-4　输入文字

　　如果需要以段落方式输入文字，应该在文字工具组中单击横排文字工具，然后在文档窗口中拖按鼠标建立边框，输入的字符遇到边框则自动换行。如果在一行文本没有遇到边框时按下 Enter 键，意味着换行并分段。不但可以设置字符格式，而且可以设置段落格式，例如段间距。文本行的左侧和右侧可以分别按照边框的左边线和右边线进行对齐或者缩进，边框所定义的区域正是如同 Word 当中的页面区域，如图 7-5 所示。输入段落文本后，效果如图 7-6 所示。

图 7-5　拖按鼠标建立边框

图 7-6　输入段落

　　如果需要修改文字的字体、大小和颜色等，应该在输入字符之前设置文字工具选项栏相关参数。或者在输入文字后选取准备修改的文字，更改选项栏中的字体、大小和字符颜色等选项。文字工具选项栏如图 7-7 所示。

图 7-7 文字工具选项栏

单击字体右侧下拉按钮，打开字体选项列表框，其中字体是来自计算机系统的字库。如果需要使用新字体，应该将新字体文件放置到位于 C:\Windows\Fonts 文件夹的字库中。

如果选择一种西文字体，可以单击字型下拉按钮。选取黑体、粗体、斜体等字型。如果需要设置字体大小，应该单击字体大小下拉按钮，打开字体大小选项列表框，从中选取一种字体大小，或者在字体大小文本框中输入一个介于 0.01~1290 以点为单位的数值。该数值越大字符也就越大，一个点相当于图像中的 1/72 英寸长度。

在创建文字时，考虑到矢量形状字符在边缘产生锯齿，通过在文字的边缘填充渐变颜色，以使文字边缘较为平滑。单击设置消除锯齿方法下拉按钮，打开下拉列表选取一个选项。

如果输入的是段落文本，段落内各行之间的文本可以按左对齐、居中对齐或者按右对齐。在文字工具选项栏中选取左对齐文本按钮，光标所处的段落的任何行靠左对齐；选取居中对齐文本按钮，光标所处的段落的任何行靠中间输入；选取右对齐文本按钮，光标所处的段落的任何行靠右对齐。

字符颜色是应用在字符矢量形状上的色彩，在文字工具选项栏中单击设置文本颜色，打开选择文本颜色对话框。可以通过 HSB 模式、RGB 模式和 CMYK 模式来指定颜色。在选择文字工具新建文字图层时，默认的字符颜色是前景色。在文字编辑环境中，文字工具选项栏中的文本颜色值为当前光标处的字符颜色。

字符的形状的确定是经过长期的应用累积起来的，一般情况下，规范的字符形状是应用标准化的要求。但有时候考虑到个性化需求，需要对规范的字型施加变形以满足不同的需求。选定将要变形的字符，在文字工具选项栏中单击创建文字变形按钮，打开变形文字对话框，如图 7-8 所示。单击样式小三角形按钮，打开样式下拉列表框中。选项有扇形、下弧、上弧、拱形、贝壳、花瓣和旗帜等，从中选取一种样式，例如选择扇形。选定以后，在下方的文本框中输入数值或者拖动滑块以控制变形方式。变形后的文字如图 7-9 所示。

图7-8 变形文字对话框

图7-9 变形文字

如果完成对文字的操作，应该退出文字编辑器，可以单击文字工具选项栏中的提交当前所有编辑按钮，或者同时按下 Ctrl 和 Enter 组合键。如果需要放弃对文字的操作，可以单击文字工具选项栏中的取消当前所有编辑按钮。

如果从其他图层进入到已存在的文字图层来修改字符，应该在图层调板中选择文字图层，然后在文字区域上方单击鼠标，光标进入到文本中，这时的光标可以进行字符的选择、修改和插入等操作。如果需要选择全部字符，可以在图层调板中鼠标双击文字图层缩略图。

点文本方式和段落文本方式可以相互转换。选择菜单"图层 | 文字 | 转换为点文本"命令，可以将点文本转换为段落文本，增加一个默认的边框来限制文字区域，使其具有段落格式。选择菜单"图层 | 文字 | 转换为段落文本"命令，可以将段落文本转换为点文本，取消边框的限制，删除段落格式。如果需要更为详细的字符和段落设置，应该在选项栏的右侧选择字符和段落调板。

◆ 7.2 设置字符格式

以输入标题和两段文本为例说明设置字符格式和段落格式的设置。选择文字工具，拖按鼠标建立页面边框，以 24 点字体大小输入以下文字。在第一行输入标题后回车，输入第一段文本，然后回车继续输入第二段文本，效果如图7-10所示。在文字工具选项栏单击显示/隐藏字符和段落调板命令，打开的字符调板，如图7-11所示。

图 7 - 10　输入两段文本

图 7 - 11　字符调板

在字符调板中，字体、字型、字号和颜色已出现在文字工具选项栏中，这里不再说明。调板中的每一选项在鼠标移动停靠时会显示其名称。

选项设置行距指定当前行的底端与上一行的底端的间距，默认值为自动，该值比字体大小稍大些。选定第一段的第二行，然后打开行距下拉列表框，选择与字体大小一致的行距是 24 点，如图 7 - 12 所示，从中可以看出，第二行的的顶端与第一行的底端应该持平。如果将第二行的行距更改为 18，结果如图 7 - 13 所示，显然两行位置有重叠。

图 7 - 12　行距 24 点

图 7 - 13　行距 18 点

选项垂直缩放指定字符在宽度不变的情形下将高度提高或降低到为原来的高度的百分比。在标题中选定"政法大学"，在垂直缩放文本框中输入 50%，结果如图 7 - 14 所示。如果在垂直缩放文本框中输入 200%，结果如图 7 - 15 所示。

选项水平缩放指定字符在高度不变的情形下将宽度提高或降低到为原来的宽度的百分比。在标题中选定"政法大学"，在水平缩放文本框中输入 50%，结果如图 7 - 16 所示。如果在水平缩放文本框中输入 200%，结果如图 7 - 17 所示。

图 7－14　垂直缩放 50％

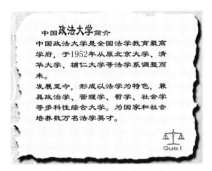

图 7－15　垂直缩放 200％

图 7－16　水平缩放 50％

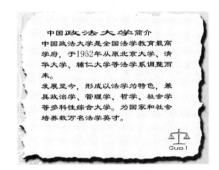

图 7－17　水平缩放 200％

选项设置所选字符的比例间距指定缩减字符之间的间距，在文本框中输入一个介于 0％~100％ 的百分比数值。

选项设置所选字符的字距调整指定加宽或紧缩字符间距的度量，在文本框输入一个数值，或者从下拉列表框中选取一个数值。正数表示加宽，负数表示紧缩。在标题中选取简介，在设置所选字符的字距调整的文本框中输入 300，结果如图 7－18 所示。在设置所选字符的字距调整的文本框中输入 －300，结果如图 7－19 所示。

图 7－18　字距加宽 300

图 7－19　字距紧缩 300

选项设置两个字符间的字距微调指定在光标定位处的前后两字的字距调整量。在文本框中输入数值，或者从下拉列表中选取一个数值。正数表示加宽，负数表示紧缩。如果是选中字符状态，该选项为灰色的。将光标定位到标题中的简介之间，在设置两个字符间的字距微调文本框中输入 500，结果如图 7-20所示。如果输入 -500，结果如图 7-21 所示。

图 7-20 字距微调 500

图 7-21 字距微调 -500

选项设置基线偏移指定提升或下降所选字符以点为刻度的量。输入正数表示提升所选字符，输入负数表示使所选字符下降。在第一段中选取中国政法大学，在设置基线偏移文本框中输入 10，结果如图 7-22 所示。在设置基线偏移文本框中输入 -10，结果如图 7-23 所示。

图 7-22 提升 10 点

图 7-23 下降 10 点

在字符调板的下方的多个选项为选定字符或光标处将要插入字符添加字型样式。其中有仿粗体、仿斜体、下划线等。

◆ 7.3 设置段落格式

在文字工具选项栏单击显示/隐藏字符和段落调板命令，打开字符和段落组合调板，默认显示为字符调板。在字符调板右侧单击段落选项卡，打开段落调板，如图 7-24 所示。段落格式是段落范围具有的格式，包括段落内各行对齐方式、左缩进、右缩进、首行缩进、段前间距、段后间距等。

图 7-24　段落调板

图 7-25　段落对齐方式

各行对齐方式有左对齐文本、居中对齐文本、右对齐文本、最后一行左对齐、最后一行居中对齐、最后一行右对齐和两端对齐。将光标定位到要设置段落格式的段落中，或者选取该段落，然后在段落调板中选择某种对齐方式按钮。如图 7-25 所示，标题为居中对齐，第一段为左对齐，第二段为右对齐。

选项左缩进指定该段所有行相对边框左边线向左或向右移动且以点为刻度的量。在文本框中输入正数，表示向右移动。输入负数表示向左移动。将光标定位到第一段中，在左缩进文本框中输入 50。然后将光标定位到第二段中，在左缩进文本框中输入 -50，结果如图 7-26 所示。

图 7-26　左缩进

图 7-27　右缩进

选项右缩进指定该段所有行相对边框右边线向左或向右移动且以点为刻度的量。在文本框中输入正数，表示向左移动。输入负数表示向右移动。将光标定位到第一段中，在右缩进文本框中输入 50。然后将光标定位到第二段中，在右缩进文本框中输入 −50，结果如图 7 −27 所示。

选项首行缩进指定当前段的第一行相对于其他行缩进且以点为刻度的量。在文本框中输入正数，表示向其他行内侧方向移动。输入负数表示向其他行外侧方向移动。将光标定位到第一段中，在首行缩进文本框中输入 50。然后将光标定位到第二段中，在首行缩进文本框中输入 50，结果如图 7 − 28 所示。如果将两段文本的首行缩进设置为 −50，结果如图 7 − 29 所示。

图 7 −28　首行缩进 50

图 7 −29　首行缩进 −50

选项段前添加空格指定除行距之外当前段的第一行和前段的最后一行之间且以点为刻度的段落间距。在文本框中输入正数，表示在当前段第一行和前段最后一行在普通文本行行距之上再增加指定数值的间距。输入负数表示在普通文本行行距之上再减少指定数值的间距。将光标定位到第一段中，在段前添加空格文本框中输入 50，如图 7 − 30 所示。显然标题和第一行之间的空间很大，这个间距应为文本行距与段落间距之和。如果将数值更改为 −50，结果如图 7 − 31 所示。从中看出，标题和第一段第一行文本之间有重叠，这是由于行距减去段距之后为负数，将第一段第一行文本的基线向上偏移所致。

图 7 − 30　段前距 50

图 7 − 31　段前距 −50

选项段后添加空格作用与设置方法与选项段前添加空格相同。将光标定位到第一段中，在段后添加空格文本框中输入 50，如图 7 – 32 所示。然后将数值更改为 – 50，结果如图 7 – 33 所示。

图 7 – 32　段后距 50

图 7 – 33　段后距 – 50

段落调板中的选项避头尾法则用于在某些文字当中不允许一些字母出现在行首或行尾。选项连字用于英文单词的输入是否可以断字，如果选中该选项表明在行尾输入英文单词不足部分在添加连字符后转到下一行行首，如图 7 – 34 所示。如果取消选中该选项表明行尾输入英文单词不足部分加上已输入的字母整体转到下一行，这样在上一行的结尾留有空白，如图 7 – 35 所示。

图 7 – 34　连字

图 7 – 35　断字

如果需要在第二段之后输入第三段文本，由于边框的显示，输入的第三段文本将不可见。因此，可以调整边框大小和位置。将鼠标移到边框的下边中点，直至指针变成双向箭头，如图 7 – 36 所示。然后，向下拖动鼠标直到合适大小边框时释放鼠标，将光标定位到第二段结尾，回车换行且分段，输入第三段文本，如图 7 – 37 所示。

图 7 – 36　移到鼠标到边框中点

图 7 – 37　扩大边框以输入第三段

对边框的大小调整还可以通过自由变换来进行。按下 Ctrl 键后指针变成无箭尾的实心粗黑箭头。这时可以拖按鼠标以移动边框，如果将指针放到边框控制点上，可以缩放边框大小。在边框大小调整后，每行文字的字数和大小根据新的边框宽度和高度作相应的调整。例如，在调整之前文字的大小为 24 点，扩大边框后的文字大小为 25.85 点，如图 7 – 38 所示。

图 7 – 38　对段落边框进行变换

图 7 – 39　对点文本进行变换

对点文字也可以应用自由变换来改变文字的大小。在点文字的编辑环境中，按下 Ctrl 键文字区域变成一个边框，如图 7 – 39 所示。将鼠标移到不同的控制点上，然后拖按鼠标可以如同对选区和对象那样对此边框施加自由变换操作，例如缩放、斜切、旋转等。将鼠标移到上边中点，向右上方向拖移鼠标，结果如图 7 – 40 所示。将鼠标移到左上顶点外侧，当鼠标变成弯曲箭头，按顺指针方向拖按鼠标，而后释放鼠标，将鼠标移到边框内侧，拖按鼠标移动边框，结果如图 7 – 41 所示。

图 7 –40　放大并斜切

图 7 –41　旋转并移动

第8章 路径

    Photoshop 对于图像的处理基于像素颜色的应用，图像中区域形状的描述一般是通过区域中的像素的选择来表示。如果不考虑区域范围内的像素颜色，仅为了描述形状，可以有更为简单的表示方法。在数学原理中，任何一种形状均可由贝赛尔曲线的组合来表示。在 Photoshop 中，一条或多条贝赛尔曲线所组成的一段闭合或者开放的曲线段称为路径。路径就是 Photoshop 中的矢量对象，对于矢量对象的描述可由数学表达式或函数来表示。从数据处理角度来看，像素描述的是结果、细节、演绎，而矢量描述的是过程、原理、归纳。路径可以转换为选区，使用颜色填充或者对路径轮廓进行描边等。Photoshop 用于创建由贝赛尔曲线构成的路径的工具有钢笔工具和形状工具。

◆ 8.1 钢笔工具

※ 8.1.1 贝赛尔曲线
    贝赛尔曲线是应用于二维图形应用程序的数学曲线，曲线由锚点、曲线段和控制点组成，一段曲线的定义包括四个点：起始锚点、结束锚点、起始锚点的控制点、结束锚点的控制点，如图 8 - 1 所示。

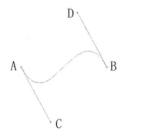
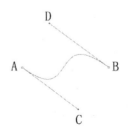

图 8 - 1　贝赛尔曲线段　　　　　图 8 - 2　移动控制点改变方向

A 为起始锚点，B 为结束锚点，C 为起始锚点的控制点，D 为结束锚点的控制点。曲线段就像橡皮筋一样，两端端点由 A 和 B 固定，中间可以任意弯曲，A侧的弯曲方向和程度由 A 点与其控制点 C 的控制线段 AC 的方向和长度来控制，B 侧的弯曲方向和程度由 B 点与其控制点 D 的控制线段 BD 的方向和长度来控制。控制线的方向和长度也就是位于该锚点侧的曲线段的曲率。移动控制点以改变方向，效果如图 8-2 所示。延长控制线后的效果如图 8-3 所示。缩短控制线后的效果如图 8-4 所示。

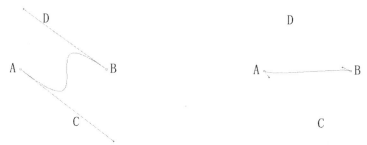

图 8-3　增加控制线段长度　　　　　图 8-4　缩短控制线长度

※ 8.1.2 钢笔工具

钢笔工具用来创建由锚点与控制点所确定的贝赛尔曲线。在工具箱中单击钢笔工具组，选择钢笔工具，如图 8-5 所示。移动鼠标到文档窗口，鼠标指针变成钢笔笔尖状。

图 8-5　钢笔工具

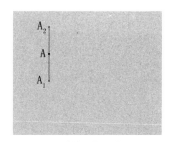

图 8-6　创建第一个锚点及其控制点

使用钢笔工具创建路径方法如下：①创建第一个锚点及其控制点。在图像窗口选择将要创建路径的起点位置 A，然后在此处向下拖按鼠标形成一段位移 AA1，这段位移也就是控制锚点 A 右侧曲线段的控制线，同时伴随着 AA1 的出现而出现并与之对称的位移 AA2 是控制锚点 A 点左侧曲线段的控制线，如图 8-6 所示。②创建第二个锚点及其控制点。在图像窗口选择将要创建的第二个锚点的位置 B，然后在此处向下拖按鼠标形成一段位移 BB1，这段位移也就是控制锚点 B 右侧曲线段的控制线，同时伴随着 BB1 的出现而出现并与之对称的位移 BB2 是控制锚点 B 点左侧曲线段的控制线，如图 8-7 所示。③创建第三个锚点及其控制点。在图像窗口选择将要创建的第三个锚点的位置 C，然后在此处向下拖按鼠标形成一段位移 CC1，这段位移也就是控制锚点 C 右侧曲线段的控制线，同时伴随着 CC1 的出现而出现并与之对称的位移 CC2 是控制锚点 C 点左侧曲线段的控制线，如图 8-8 所示。④使用前面的方法创建其他锚点及其控制点。一般情况下，只显示当前锚点两侧的控制点以及前一锚点右侧控制点。如果需要显示全部控制点，应该使用后文将要介绍的路径选择工具，如图 8-9 所示。⑤完成创建路径后，该条路径出现在路径调板中，如图 8-10 所示。调板下方有一些面向路径的操作，例如，可以对此路径应用填充、描边、删除和转换为选区等操作。

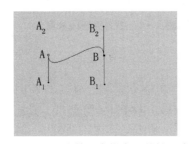

图 8-7　创建第二个锚点及其控制点

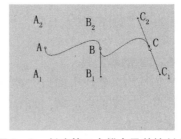

图 8-8　创建第三个锚点及其控制点

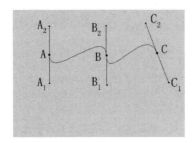

图 8-9　显示全部控制点

图 8-10　路径调板

当前的工作路径默认名称为工作路径，在重返路径编辑操作时，所有的新创建的路径都会添加到工作路径中，这就可能导致对不同路径的操作难以区分。

如果需要将当前路径从工作路径中独立出来，应将当前路径存储，方法是将工作路径重命名，在路径调板中双击工作路径，打开存储路径对话框，如图 8 – 11 所示。输入新的名称，单击确定。可以存储每条路径以利于修改操作，例如，首先创建第一条路径，将其存储，路径调板如图 8 – 12 所示。然后，在路径调板的灰色地方单击鼠标，继续使用钢笔工具创建第二条路径，将其存储为路径 2，如图 8 – 13 所示。继续创建第三条路径，在未存储前，它属于工作路径的一部分，调板如图 8 – 14 所示。此时，如果需要修改路径 1 中的控制点，应该在路径调板中选取路径 1，然后使用路径选择工具操作。

图 8 – 11　存储路径

图 8 – 12　路径 1

图 8 – 13　路径 2

图 8 – 14　工作路径

　　钢笔工具通过锚点和控制点创建曲线，对于直线或者多边形的创建，应该将直线理解为曲线的特例情形，即控制点与锚点重叠，曲率为零的情况。使用钢笔工具创建多边形方法如下：①选择钢笔工具；②在图像窗口中单击鼠标确定第一点；③在其他位置单击鼠标确定第二点，如果需要约束其方向，可以按下 Shift 键，第一点和第二点连接成直线，如图 8 – 15 所示；④依此方法创建第三点和第四点；⑤回到第一点位置处，此时的指针变成钢笔笔尖右侧有小圆圈，这表明单击鼠标闭合路径，如图 8 – 16 所示。

图8-15　单击鼠标建立直线

图8-16　闭合路径

　　默认情况下，钢笔工具创建的是仅描述形状的路径，如果不进行后续的操作，保存的文档是看不到路径的。如果需要将闭合路径描述的形状填充像素，应该将其像素化或栅格化。钢笔工具也可以创建闭合路径并将其栅格化，或者创建形状图层并保留相关路径。以上操作需要在钢笔工具选项栏中设置，如图8-17所示。

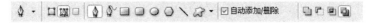

图8-17　钢笔工具选项栏

　　如果选择形状图层选项，使用钢笔工具单击鼠标创建多边形且不再需要主动闭合，Photoshop 自动地在最后一点与第一点之间加上直线。而且在图层面板中创建一个新的图层，如图8-18所示，称为形状图层，并在形状图层中由路径指定的区域中填充前景色，如图8-19所示。如果需要对形状图层应用更多的颜色修改，应将形状图层栅格化。方法是在图层面板上选取形状图层，鼠标右击打开快捷菜单，选择栅格化图层命令。

图8-18　图层面板

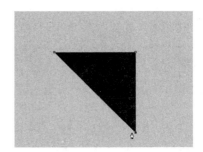

图8-19　形状图层

　　默认情况下，填充像素选项是灰色的，表示不可用。如果在选项栏中选择矩形工具、圆角矩形工具、椭圆工具、多边形工具、直线工具和自定形状工具等选项时，填充像素选项被激活，表示可用。但此时钢笔工具已转变为形状工具。

　　自由钢笔工具选项将钢笔工具转为自由钢笔工具。自动添加/删除选项指定钢笔工具在选中路径的情形下自动地为路径添加锚点或删除锚点而不会新建一条路径，其作用与添加锚点工具或删除锚点工具相同。

※ 8.1.3 自由钢笔工具

　　自由钢笔工具不是创建贝赛尔曲线构成的路径，而是创建由用户移动鼠标的轨迹而构成的路径，类似套索工具构成选区。使用自由钢笔工具方法如下：①在工具箱中选取自由钢笔工具；②沿着将要创建路径的形状轮廓拖按鼠标，如图 8 - 20 所示；③如果需要自由钢笔工具像磁性套索工具那样绘制，可以移动鼠标创建路径而不需要一直拖按鼠标，应该在自由钢笔工具选项栏中选择磁性的选项。然后，单击鼠标开始，而后移动鼠标，在指针经过的路线附近进行颜色对比并且按频率进行取样，添加锚点。因原图中的路径轮廓看不清楚，故此使用路径选择工具将路径移出到其他位置，如图 8 - 21 所示。

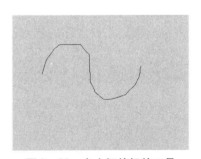

图 8 - 20　自由钢笔钢笔工具

图 8 - 21　磁性钢笔工具

※ 8.1.4 添加锚点工具和删除锚点工具

　　添加锚点工具用来向已有路径中添加锚点。使用添加锚点工具的方法如下：①在工具箱中选取添加锚点工具；②选取某条路径，将鼠标移到路径上直到钢笔笔尖右侧出现加号，如图 8 - 22 所示；③如果只是添加连接直线的锚点，应在路径上单击鼠标，如图 8 - 23 所示，如果需要添加显示控制点或连接两段曲线的锚点，应在路径上开始拖按鼠标，如图 8 - 24 所示。

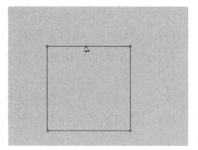

图 8 - 22　移到路径上出现加号

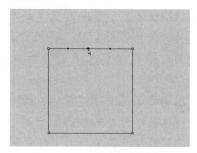

图 8 - 23　单击添加锚点

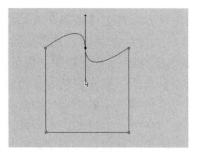

图 8 - 24　拖按添加锚点

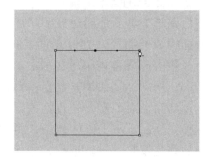

图 8 - 25　移动路径上出现减号

删除锚点工具将选中的锚点删除。使用删除锚点工具的方法如下：①在工具箱中选取删除锚点工具；②选取某条路径，将鼠标移到将要删除的锚点上直到钢笔笔尖右侧出现减号，如图 8 - 25 所示；③单击鼠标，将该锚点删除，在删除锚点后，该锚点的前一锚点和后一锚点之间形成曲线，结果如图 8 - 26 所示。

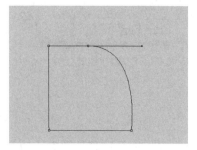

图 8 - 26　删除选中的锚点

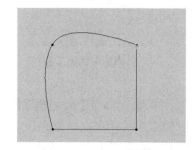

图 8 - 27　移到锚点上的转换点工具

※ 8.1.5 转换点工具

在路径中，如果锚点连接的是两段曲线，称这样的锚点为平滑点，如果锚点连接的是两段直线，称这样的锚点为角点。平滑点具有用以调整曲线曲率的控制点，而角点则没有。如果当前选取的锚点是平滑点，转换点工具可以将平滑点转换为角点。如果当前选取的锚点时角点，转换点工具可以将角点转换为平滑点。

　　转换点工具的操作方法如下：①在工具箱中选取转换点工具；②选取某条路径，将鼠标移到需要转换的锚点上，例如，移到右上方锚点上，指针变成锐角状，如图 8－27 所示；③如果当前锚点是角点，拖按鼠标直到控制线符合对该锚点两侧曲线形状的控制要求，将角点转变为平滑点，如图 8－28 所示，如果当前锚点是平滑点，例如，在图 8－27 中，将鼠标移到左上方锚点上，单击鼠标将平滑点转变为角点，如图 8－29 所示。

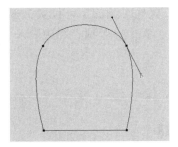

图 8－28　拖按鼠标将焦点转变为平滑点

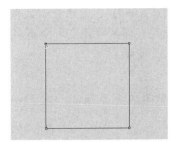

图 8－29　单击鼠标将平滑点转换为角点

◆ 8.2　形状工具

　　形状工具用来创建指定形状的路径、形状图层或具有形状的填充图层。在工具箱中选择形状工具组，如图 8－30 所示。这里的指定形状有矩形工具、圆角矩形工具、椭圆工具、多边形工具、直线工具和自定形状工具。形状工具在创建指定形状的路径和形状图层方面与钢笔工具作用等同，只是更为快捷而已。形状工具的选项栏与钢笔工具的选项栏大部分相同，仅在选择填充像素选项后新增几个选项，这些选项是在将形状工具作为一种类似画笔工具时将前景色应用到指定区域的参数，例如，混合模式和不透明度等。如果在形状工具选项栏中选择填充像素选项，形状工具可以用来在当前图层中创建填充像素。

图 8 - 30　形状工具

以多边形工具为例说明创建填充像素的方法：①在工具箱中选取多边形工具；②在工具选项栏中选择填充像素选项之后，在边选项文本框中输入数值，例如 5，其他参数采用默认设置，如图 8 - 31 所示，并设置前景色；③在将要绘制的正多边形的中心点处开始拖按鼠标，在释放鼠标时刻的指针位置为多边形的一个顶点，而其他顶点可由正多边形的中心点、其中一个顶点和边数来确定，如图 8 - 32 所示。

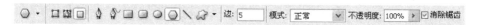

图 8 - 31　多边形工具选项栏

图 8 - 32　五边形

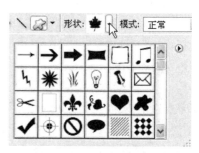

图 8 - 33　自定形状面板

在工具箱中选取自定形状工具，在选项栏中单击形状选项右侧的下拉小三角形按钮，打开形状预设管理器面板，如图 8 - 33 所示。从中选取一种形状，可以创建该形状的填充像素，操作方法与多边形工具相同。此外，单击自定形状工具面板上的三角形，打开调板菜单，可以进行载入形状、存储形状等操作。

如果需要自定义形状，应该先用钢笔工具创建闭合路径，然后打开菜单"编辑 | 定义自定形状"命令，为新形状输入名称。

◆ 8.3 路径选择工具

前文中的不少操作都需要先选择路径或锚点，路径选择工具用来选择路径、锚点和控制点以便后续进行其他操作。在工具箱中单击路径选择工具组，如图 8 – 34 所示，包括路径选择工具和直接选择工具。以前文创建的由 ABC 三个锚点组成的路径为例说明路径选择工具的用法。

图 8 – 34　路径选择工具

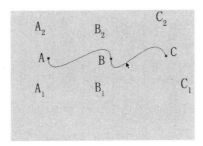

图 8 – 35　选中全部锚点

如果需要对 ABC 路径进行整体移动操作，方法如下：①在工具箱中选取路径选择工具；②在路径调板中选取需要操作的路径；③在文档窗口，将鼠标移到路径上并单击鼠标，该路径所有的锚点呈现黑色小方框，表示被选中的状态，如图 8 – 35 所示，然后拖按鼠标移动路径，如图 8 – 36 所示；④如果需要对整个路径进行变换，应按下 Ctrl + T 的组合键，然后调整变换框进行变换，结果如图 8 – 37 所示。

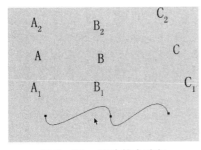

图 8 – 36　移动整个路径

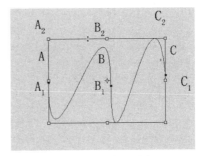

图 8 – 37　变换路径

如果需要对路径的部分进行操作，方法如下：①在工具箱中选取直接选择工具；②在路径调板中选取需要操作的路径；③在需要修改的曲线段上单击鼠标，如图 8 - 38 所示，可以整体移动这段曲线的锚点及其控制点；④如果需要拖动某个锚点，将鼠标移动锚点上单击鼠标，然后拖按鼠标，如图 8 - 39 所示；⑤如果需要改变控制线的长度和斜度，在控制点上单击并拖按鼠标，如图 8 - 40、8 - 41 所示。

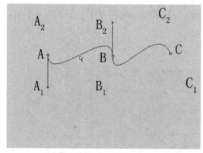

图 8 - 38　在需要修改的线段上单击

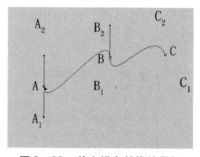

图 8 - 39　单击锚点并拖按鼠标

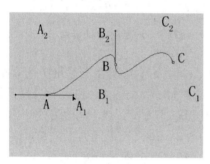

图 8 - 40　拖动控制点

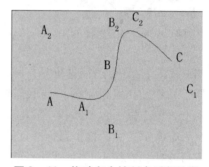

图 8 - 41　拖动多个控制点后新位置

第 9 章　通道

　　通道是用来以灰色的形式记录相关信息的灰度图像。在传统的照相行业，为了使底片有选择地接收曝光，在底片上方放置遮板，通过在遮板的不同部位上染黑来阻止光线的通过，从而实现对照片的选择性曝光。在 Photoshop 中使用选区实现对图像进行选择性操作，如果需要记录选区信息，应该将选区存储为通道。在处理基于原色混合的彩色图像时，为了方便处理某一原色，Photoshop 将根据颜色模式中的颜色分量的亮度自动创建单色通道。因此，通道可以分为与选区有关的 Alpha 通道和与颜色信息有关的颜色通道。

　　一个图像最多可以有 56 个通道，通道是存储依附于原图且可单独保存的图像信息，每个通道的尺寸和像素总量都应与原图相同。

◆ 9.1 颜色通道

　　在打开 RGB 模式图像时，可以按照红色、绿色和蓝色分量将一幅图像分离成三个相对独立的图像，然后将分离后的图像的色相扔掉，并保存到当前图像中，这就是颜色通道。例如，图 9-1 是原图，图 9-2 是分离后的红色图像，图 9-3 是分离后的绿色图像，图 9-4 是分离后的蓝色图像。去掉色相后的通道显示在通道调板中，如图 9-5 所示。观察到原图中的粉红色花的部分在红色通道和蓝色通道的相应部位亮度较高，而在绿色通道的相应部位亮度较低，亮度的高低反映强度的大小，这说明红花部位的色彩是由红色通道和蓝色通道产生的。

图9-1　RGB通道的原图

图9-2　红色通道

图9-3　绿色通道

图9-4　蓝色通道

图9-5　RGB模式颜色通道调板

图9-6　CMYK模式颜色通道调板

　　在打开CMYK模式图像时，可以按照青色、洋红、黄色和黑色分量将一幅图像分离成四个相对独立的图像，然后将分离后的图像的色相扔掉，并保存到当前图像中，这就是颜色通道。去掉色相后的通道显示在通道调板中，如图9-6所示。

　　通道调板显示图像中所有通道，对于RGB和CMYK图像，将最先列出复合通道，而后列出分色通道。在通道名称左侧显示通道内容的缩略图，颜色通道名称不可修改，单击通道缩略图左侧的眼睛可以显示或隐藏通道。通道调板的下方是将通道作为选区载入、将选区存储为通道、创建新通道和删除当前通道按钮。

◆ 9.2 Alpha 通道

Alpha 通道用灰度表示选区，黑色部分表示选区之外，白色表示选区之内。使用选择工具在图像中创建选区，如图 9-7 所示。然后选择菜单"选择 | 存储选区"命令，打开存储选区对话框，输入名称为 Alpha1，或者单击通道调板下方将选区存储为通道按钮。在通道面板中，单击 RGB 复合通道左侧的眼睛，隐藏颜色通道，然后选取 Alpha1 通道，如图 9-8 所示。Alpha1 通道的灰度图像如图 9-9 所示。很显然图中的白色为 100% 的亮度值，黑色为 0% 的亮度值。

图 9-7　创建选区并保存选区

图 9-8　Alpha1 通道面板

图 9-9　Alpha1 通道灰度图像

图 9-10　羽化选区

如果在图像中创建的是羽化选区，如图 9-10 所示。将其存储为通道，名称为 Alpha2。单击 RGB 复合通道左侧的眼睛，隐藏颜色通道和 Alpha1 通道，然后选取 Alpha2 通道，如图 9-11 所示。Alpha2 通道的灰度图像如图 9-12 所示。

很显然，图中除了 100% 的白色和 0% 的黑色外，还有从 0% ~ 100% 变化的灰色。

图 9 – 11 Alpha2 通道面板

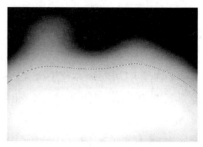

图 9 – 12 Alpha2 通道灰度图像

◆ 9.3 通道操作

※ 9.3.1 调整色阶

颜色通道是去除了色相的原色按照亮度呈现的灰色图像，从灰色的分布来看，可以使用色阶来调整。调整灰度后的颜色通道将影响复合通道及原图的色调，换言之，可以对颜色通道应用色阶来纠正色偏。

例如，如果认为原图中的绿色不足，需要增加绿色，可以在绿色通道中运用色阶调整，将绿色通道的灰度提高，也就是使绿色通道变亮。方法如下：①在通道调板中，选取绿色通道；②选择菜单"图像 | 调整 | 色阶"命令，或者按下 Ctrl + L 组合键，打开色阶对话框，如图 9 – 13 所示；③如果仅调整图像中的亮绿色，使其变得更绿，在色阶对话框中向左拖动输入色阶的白色滑块，或者在下方文本框中输入一个比 255 稍小的数值，例如输入 185，结果如图 9 – 14 所示；④如果仅调整图像中的中绿色，使其变得更绿，在色阶对话框中向左拖动输入色阶的灰色滑块，或者在下方文本框中输入一个比 1 稍大的数值，例如输入 1.5，结果如图 9 – 15 所示；⑤如果调整图像中的全部绿色，包含在复合通道中不显示为绿色的像素，使其变得更绿，在色阶对话框中向右拖动输出色阶的黑色色滑块，或者在下方文本框中输入一个比 0 稍大的数值，例如 80，结果如图 9 – 16 所示。

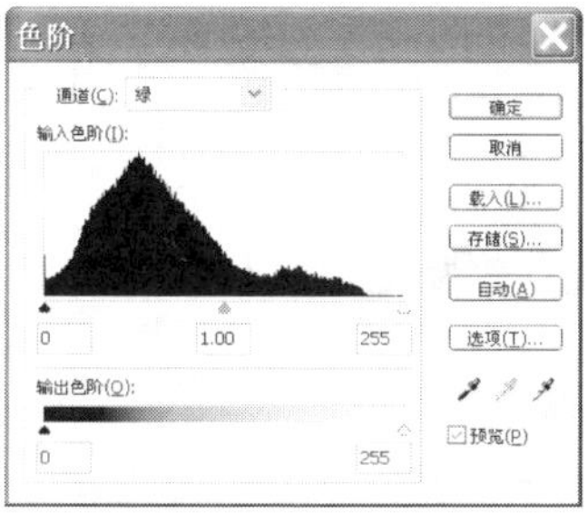

图 9-13 调整色阶

图 9-14 调整亮绿色

图 9-15 调整中绿色

图 9-16 调整所有像素

※ 9.3.2 通道混合器

如果对原图中的绿色通道运用了高度模糊，降低了绿色通道的对比度，从而也影响了复合通道的清晰度，也就是原图的清晰度，如图 9-17 所示。对于此类模糊图像处理，应该查找每个颜色通道，确定一个对比度较好的通道，用对比度较好的通道来替代对比度差的通道。从颜色通道色阶对话框进行判断，如果输入色阶中大部分像素分列两端，表示对比度好，如果大部分像素聚集在中间，表示对比度差。

图 9-17 模糊的图像

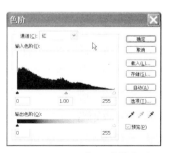

图 9-18 红色通道的色阶

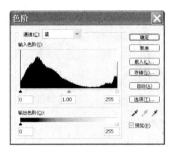

图 9 - 19　绿色通道的色阶　　　　　图 9 - 20　蓝色通道的色阶

　　经过对比图 9 - 18、9 - 19 和 9 - 20，可以确定蓝色通道对比度好，而绿色通道对比度差，应该使用通道混合器来重建绿色通道。操作方法如下：①在通道调板中，选取颜色复合通道；②选择菜单"图像 | 调整 | 通道混合器"命令，打开通道混合器对话框；③在输出通道下拉列表框中选择绿，在源通道中分别设置 -29% 的红色、47% 的绿色和 118% 的蓝色，如图 9 - 21 所示，新建的绿色通道中要有原有绿色通道色阶，否则可能会产生偏色。

图 9 - 21　通道混合器

※ 9.3.3 转换为选区

　　如果需要将通道作为选区载入，应该选择菜单"选择 | 载入选区"命令，打开载入选区对话框，选取通道，单击确定。或者在通道面板中，选取通道，然后单击下方将通道作为选区载入按钮。或者在通道面板中，按下 Ctrl 键的同时鼠标单击通道缩略图。

在转换为选区操作时,对于通道中的灰色的处理,颜色通道和 Alpha 通道是不同的。在颜色通道中,亮度值大于 50% 即为选区内部,小于 50% 即为选区外部。例如,在通道面板中,选取绿色通道,在使用白色到黑色的渐变填充该通道后,绿色通道的灰度图像如图 9 - 22 所示。然后,在通道调板中,按下 Ctrl 键单击绿色通道,从绿色通道转换的选区如图 9 - 23 所示。从图中可以看出,选区与非选区的位置在图像中间分开。

图 9 - 22 渐变填充颜色通道

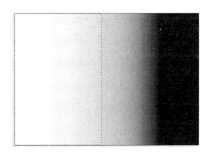

图 9 - 23 颜色通道转换为选区

在 Alpha 通道中,亮度值大于 63% 即为选区内部,小于 63% 即为选区外部。例如,在通道面板中,单击下方创建新通道按钮,新建名为 Alpha3 的 Alpha 通道,初始的灰度图像为全部黑色。在通道调板中选取 Alpha3 通道,在使用从黑色到白色的渐变填充 Alpha3 通道之后,通道调板如图 9 - 24 所示。在通道调板中,按下 Ctrl 键单击 Alpha3 通道,从 Alpha3 通道转换的选区如图 9 - 25 所示。从图中可以看出,选区与非选区的位置在图像中不是从中间分开。

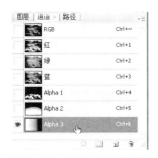

图 9 - 24 Alpha3 通道面板

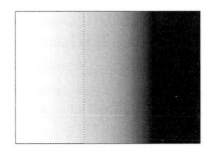

图 9 - 25 Alpha 通道转换为选区

※ 9.3.4 复制和分离通道
可以将指定的通道复制到当前图像文档或者另一个图像文档中以供使用。

复制通道的方法如下：①在通道调板中选取将要复制的通道；②鼠标右击打开快捷菜单，或者单击通道调板中的小三角形，选择复制通道命令，打开复制通道对话框；③为新通道输入名称，并且在目标文档下拉列表框中选取目标文档，如果目标文档为另一文档，则必须与当前文档具有相同的像素分辨率。

如果目标文档与当前文档分辨率不同，可以将两个文档窗口平铺，然后从当前文档的通道面板中将选取的通道拖到目标文档窗口中，或者通过选择菜单中的全选命令和编辑菜单中粘贴命令来复制通道。

可以将通道单独保存为文档，在通道调板中单击小三角形，弹出调板菜单，选择分离通道命令。通道调板中的每个通道都将保存为新的灰度图像文档，新文档窗口中的标题栏显示原文件名以及通道，可以对其进行存储和编辑等操作。

※ 9.3.5 合并通道和删除通道

如果有三个像素尺寸相同的灰度图像，可以将它们合并成一个 RGB 模式的图像。如果有四个像素尺寸相同的灰度图像，可以将它们合并成一个 CMYK 模式的图像。例如，选择三个 RGB 模式的图像，使用裁剪工具分别将这三个图像裁成相同的尺寸和分辨率的图像，然后，在选择菜单"图像｜调整｜去色"命令之后，再选择菜单"图像｜模式｜灰度"命令，将三个 RGB 图像变成相同像素尺寸的灰度图像。

将多个灰度图像合并成一个 RGB 图像的方法如下：①打开将要合并的多个灰度图像，选择其中之一作为当前图像；②在通道调板中单击小三角形，打开调板菜单，选择合并通道命令，打开合并通道对话框；③在模式下拉列表框中，选择 RGB 颜色，如图 9 – 26 所示，单击确定，打开合并 RGB 通道对话框；④为颜色通道指定灰度文件，如图 9 – 27 所示，单击确定；⑤如果需要更改模式，可以在合并 RGB 通道对话框中单击模式按钮返回合并通道对话框，选取模式。其中的多通道指的是 Alpha 通道。

图 9 – 26　合并通道对话框

图 9 – 27　合并 RGB 通道对话框

　　通道至少保存了与原图相同的像素尺寸的灰度信息，因此，过多的通道将占用太多存储空间。在存储图像时，应该将不再需要的 Alpha 通道删除。在通道调板中选取将要删除的通道，然后单击通道调板下方的删除当前通道按钮。

　　如果需要选择多个通道，应该在按下 Shift 键时鼠标单击通道，如图 9 – 28所示。如果需要调整 Alpha 通道的顺序，应该在通道调板中鼠标拖动通道到合适位置之后释放鼠标，如图 9 – 29 所示，而颜色通道的顺序不可更改。

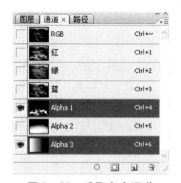

图 9 – 28　选取多个通道

图 9 – 29　调整通道顺序

第 10 章　滤镜

　　如果认为前面的章节内容是 Photoshop 提供的基本功能，那么滤镜则是为所有的 Photoshop 用户提供扩充功能，也是 Photoshop 受到广泛关注与欢迎的重要原因。任何一种软件都有其生命周期，随着时间的推移，在软件的使用过程中不可避免地面临新的问题。如果一种软件功能是封闭的，也就是说在发布软件时就决定了它的所有功能，那么这样的软件就不能解决新问题和新现象。如果一种软件功能是开放的，也就是说在发布软件时，不但定义了满足绝大数用户需求的基本功能，而且更为重要的是为将来出现的新问题提供解决办法。这种解决办法的思路是为用户提供接口，当用户提出新的功能需求，可以允许用户自己通过接口向系统中添加新功能以满足不断出现的新需求，这种由用户向系统中添加的新功能称为滤镜。因此，滤镜为 Photoshop 提供一种弹性的功能扩充方法，是 Photoshop 强大生命力的体现。

　　滤镜可以分内置滤镜和外挂滤镜，内置滤镜是 Photoshop 自身提供并且由安装程序自动安装到 Plug - Ins 目录中的滤镜，外挂滤镜是第三方提供并且由用户安装到 Plug - Ins 目录中的滤镜。内置滤镜包括 6 组 72 支滤镜。外挂滤镜一般由第三方厂商为 Photoshop 生产的滤镜，品种繁多且功能强大。因此，从某种意义上说，Photoshop 不再是一种软件，而是一个行业，滤镜就是一个平台或行业规范，其他厂商可以在这个平台上或按照这个规范生产产品。

　　通过使用滤镜可以实现图像的各种各样的特殊效果，例如，可以实现模糊背景、锐化照片、提供素描、扭曲变形、光照渲染等独特效果。

◆ 10.1 应用滤镜

　　可以应用滤镜的对象包括图层、选区、通道和蒙版，在选择滤镜命令之前，应该先选择将要应用滤镜的对象，还可以将图层等对象转变成智能对象，这样在应用滤镜之后，可以对原对象不造成像素破坏以方便修改。

所有的滤镜命令都在滤镜菜单中，内置滤镜出现在滤镜菜单的顶部，外挂滤镜显示在滤镜菜单的底部。在安装外挂滤镜时，应将外挂滤镜文件放到 Plug-Ins \ Filters 目录中，如果需要动态链接库支持，同时也应该将库文件放到操作系统盘 Windows \ System32 目录中，在重启 Photoshop 之后，便可在滤镜菜单中看到新安装的滤镜。

可以对 8 位图像应用所有的滤镜，但是对于高于 8 位深度的图像，有的滤镜是不能使用的。在位图模式和索引颜色模式的图像上也是不能使用滤镜的。可以对对象单独应用滤镜，也可以连续应用多种滤镜。

使用滤镜的操作方法如下：①选择将要应用滤镜的对象，对象应是可见图层、区域、通道、蒙版或智能对象，例如，选择背景图层；②打开滤镜菜单，从中选取一种滤镜，例如选择渲染滤镜组中的光照效果滤镜，如图 10-1 所示；③打开光照效果滤镜选项设置对话框，如图 10-2 所示；④输入选项设置参数，可以在选项文本框中输入数值，或者也可以拖动文本框下方滑块，在对话框窗口的左侧可以看到预览效果图；⑤单击确定，原图为 10-3，效果如图 10-4 所示。如果在滤镜菜单中选取的滤镜命令后没有省略号的点，这表示可直接应用此滤镜，不会出现参数设置对话框，例如，风格化滤镜组中的查找边缘和渲染滤镜组中的云彩。

图 10-1　滤镜菜单

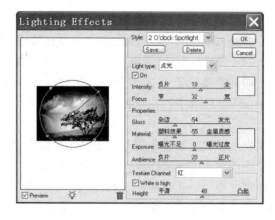

图10-2　光照效果滤镜选项设置对话框

图10-3　原图

图10-4　应用光照效果

　　如果需要对图像连续应用多个滤镜，可以在滤镜库中以预览的方式累加应用多个滤镜。在滤镜库中应用的滤镜以类似效果图层的方式呈现在应用滤镜列表框中，可以更改应用滤镜的次序、隐藏和删除某个已添加的滤镜应用。

　　例如，对某个图像先后应用纹理滤镜组中的纹理化、艺术效果滤镜组中的水彩和画笔描边滤镜组中的喷溅。使用滤镜库的方法如下：①选择图层、区域或者智能对象；②单击滤镜菜单，选择滤镜库命令，打开滤镜库对话框，如图10-5所示；③在滤镜组中选取纹理化滤镜，在右侧的纹理化滤镜选项中输入参数，在应用滤镜列表框中出现纹理化滤镜；④单击累积应用滤镜列表下方的新建效果图层按钮，然后在滤镜组中选取水彩滤镜，在右侧的水彩滤镜选项中输入参数，在应用滤镜列表框中的纹理化滤镜项上面出现水彩滤镜项；⑤单击累积应用滤镜列表下方的新建效果图层按钮，然后在滤镜组中选取喷溅滤镜，在右侧的喷溅滤镜选项中输入参数，在应用滤镜列表框中的水彩滤镜项上面出现喷溅滤镜项；⑥如果在预览窗口中看到满意结果，单击确定按钮。

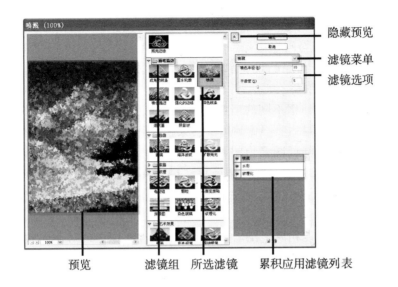

图 10-5　滤镜库

　　如果对上述的 3 个滤镜的应用次序作调整，应该在累积应用滤镜列表框中鼠标拖动需要调整次序的滤镜项，这样就不必通过历史记录重返操作来实现次序的调整。如果不再需要多个滤镜应用中的某一个，则可以在累积应用滤镜列表框中将其隐藏或删除。例如，在累积应用滤镜列表框中单击水彩滤镜左侧的眼睛，可以隐藏该滤镜效果，或者在累积应用滤镜列表框中选取水彩滤镜项之后，单击下方删除按钮，则可以删除水彩滤镜效果。

◆ 10.2 内置滤镜介绍

　　Photoshop 自带的滤镜可以分成艺术类、局部变换类、全部变换类和渲染类。艺术类滤镜处理图像以使图像具有手绘外观，包括艺术效果滤镜组、素描滤镜组、画笔描边滤镜组。局部变换类滤镜处理图像以使图像具有可辨识部分原貌的外观，包括模糊滤镜组、锐化滤镜组、纹理滤镜组、像素化滤镜组和杂色滤镜组。全部变换类滤镜处理图像以使图像具有不可辨识原貌的外观，包括风格化滤镜组和扭曲滤镜组。渲染类滤镜处理图像以使图像具有空间立体感的外观，包括渲染滤镜组等。

艺术效果滤镜组用来制作与美术相关的应用方面的传统绘画效果，包括壁画、彩色铅笔、粗糙蜡笔、底纹效果、调色刀、干画笔、海报边缘、海绵、绘画涂抹、胶片颗粒、木刻、霓虹灯光、水彩、塑料包装、涂抹棒滤镜。

素描滤镜组用来勾画出图像纹理，包括半调图案、便条纸、粉笔和炭笔、铬黄渐变、绘图笔、基底凸现、水彩画纸、撕边、塑料效果、炭笔、炭精笔、图章、网状和影印滤镜。

画笔描边滤镜组使用不同的油墨创建绘画描边效果，包括成角的线条、墨水轮廓、喷溅、喷色描边、强化的边缘、深色线条、烟灰墨和阴影线滤镜。

模糊滤镜组用来降低图像中的对比度和柔化边缘，包括表面模糊、动感模糊、方框模糊、高斯模糊、进一步模糊、径向模糊、镜头模糊、模糊、平均、特殊模糊和形状模糊，其中高斯模糊最为常用，可以为图像产生快速模糊效果滤镜。

与模糊滤镜组功能相反，锐化滤镜组用来增加图像中的对比度和锐化边缘，包括 USM 锐化、进一步锐化、锐化、锐化边缘和智能锐化滤镜。

纹理滤镜组用来创建具有高低不平凹凸有致的物质感效果，包括龟裂缝、颗粒、马赛克拼贴、拼缀图、染色玻璃和纹理化滤镜。

像素化滤镜组用来将相似颜色的像素结成块来定义区域，包括彩块化、彩色半调、点状化、晶格化、马赛克、碎片和铜版雕刻滤镜。

杂色滤镜组用来在图像中随机地添加或者去除杂色以使图像具有较为平缓的色阶，包括减少杂色、蒙尘与划痕、去斑、添加杂色和中间值滤镜。

风格化滤镜组通过查找对比度来勾画边缘，包括查找边缘、等高线、风、浮雕效果、扩散、拼贴、曝光过度、凸出和照亮边缘滤镜。

扭曲滤镜组用来将图像的像素位置作几何变形，包括波浪、波纹、玻璃、海洋波纹、极坐标、挤压、镜头校正、扩散亮光、切变、球面化、水波、旋转扭曲和置换滤镜。

渲染滤镜组用来在图像中引入光线来创建立体模型，包括 3D 变换、分层云彩、光照效果、镜头光晕、纹理填充、纤维和云彩滤镜。

◆ 10.3 优化滤镜

如果将对象转换为智能对象，然后，在对其应用滤镜之后产生的效果作为类似效果图层的智能滤镜效果图层出现在图层面板中。在不破坏原始对象像素的情况下，可以对智能滤镜效果图层进行修改、停用或删除操作。

应用智能滤镜的方法如下：①选择应用滤镜的对象，例如选择图层；②单击滤镜菜单，选择转换为智能滤镜命令，如图 10 – 6 所示；③打开转换为智能对象对话框，单击确定，如图 10 – 7 所示；④选择滤镜菜单，选取一种滤镜应用到智能对象上，例如，选择画笔描边滤镜组中的墨水轮廓滤镜；⑤打开墨水轮廓滤镜设置对话框，输入选项参数后单击确定，在图层面板上出现智能滤镜效果图层，如图 10 – 8 所示。

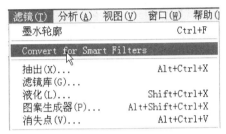

图 10 – 6　使用智能滤镜命令

图 10 – 7　先转换为智能对象

图 10 – 8　智能滤镜效果图层

图 10 – 9　鼠标右击智能滤镜名称

如果需要修改墨水轮廓滤镜效果，可以修改滤镜效果图层，而不用修改原始图层，方法是鼠标双击墨水轮廓滤镜效果名称，打开墨水轮廓滤镜设置对话框。如果是暂时的不需要墨水轮廓滤镜效果，可以单击智能滤镜效果图层左侧的眼睛，从而隐藏滤镜效果。如果不再需要智能滤镜效果，可以选择停用智能滤镜或者删除智能滤镜，方法是在图层面板中鼠标右击智能滤镜名称，弹出快捷菜单，如图 10 – 9 所示，选择停用智能滤镜或者删除智能滤镜命令。如果需要将智能图层转换为普通图层，应该鼠标右击智能图层，弹出快捷菜单，从中选择拼合图像命令。

在使用滤镜时可能需要占用较大的内存空间，如果内存空间不足或者需要较多的内存空间来支持某一滤镜的处理，这些将可能导致计算机性能下降，处理图像效率不高。

解决内存空间不足的问题是首要考虑的，在运行 Photoshop 之前尽可能多的关闭其他不必要的应用程序以释放更多的内存。在启动 Photoshop 之后，选择菜单"编辑｜首选项｜性能"命令，为 Photoshop 分配更多的内存。在滤镜使用之前，应该选择菜单"编辑｜清理"中命令来释放内存。

提高性能的第二个方法是避免不必要的内存消耗。例如，在一个高分辨率图像上应用滤镜，应考虑到，如果将滤镜应用到整个图像，需要很多内存和时间。因此，在确保操作是否准确之前，应该使用滤镜库中的预览功能，或者在图像中选取一小部分来做试验，可能在尝试多次以后，才能确定合适的滤镜参数和操作设置。此外，对于一些内存消耗较大的滤镜还应该提供更多的内存空间，例如，将滤镜应用到单个通道中，或者关闭其他的暂时不需处理的文档等。通过这样的一些方法可以节省内存开销和避免浪费过多的不必要时间。

参考文献

1. Adobe：《Adobe photoshop cs3 用户指南》，2007 年版。

2. 王耀南等编著：《计算机图像处理与识别技术》，高等教育出版社 2001 年版。

3. 何薇主编：《计算机图形图像处理技术与应用》，清华大学出版社 2007 年版。